职业院校工程施工实训教材

混凝土结构施工实训

张建荣　黄河军　主编

中国建筑工业出版社

图书在版编目（CIP）数据

混凝土结构施工实训/张建荣，黄河军主编. —北京：中
国建筑工业出版社，2015.10
职业院校工程施工实训教材
ISBN 978-7-112-18557-3

Ⅰ.①混…　Ⅱ.①张…②黄…　Ⅲ.①混凝土结构-混凝土
施工-高等职业教育-教材　Ⅳ.①TU755

中国版本图书馆 CIP 数据核字（2015）第 248138 号

本书内容包括混凝土结构施工的测量工程、钢筋工程、模板工程、脚手架工程、混凝土工程等 5 个分项工程，按混凝土结构施工的工作过程分成 19 个实训任务。每个实训项目的组织以行动导向教学理念为指导，包含实训任务及目标、实训准备、实训操作、成果验收、总结评价等教学环节，可以帮助、指导学生开展基本操作技能训练，提高学生的职业关键能力，提升学生的职业综合素养，引导学生在操作实践的基础上积极反思，提高学习能力。

本书可作为中等职业学校建筑工程施工专业和高职高专院校建筑工程技术专业的实训教材，也可供各个层次土建类相关专业的混凝土施工实训课程使用，同时也可作为成人教育、相关职业岗位培训教材。

责任编辑：朱首明　聂　伟　李　阳
责任设计：李志立
责任校对：李美娜　刘　钰

职业院校工程施工实训教材
混凝土结构施工实训
张建荣　黄河军　主编
＊
中国建筑工业出版社出版、发行（北京西郊百万庄）
各地新华书店、建筑书店经销
北京红光制版公司制版
北京中科印刷有限公司印刷
＊
开本：787×1092 毫米　1/16　印张：9¾　字数：239 千字
2015 年 10 月第一版　2015 年 10 月第一次印刷
定价：**23.00** 元
ISBN 978-7-112-18557-3
（27789）

前　言

本书的实训项目以某开间 7.8m（2 跨，每跨 3.9m），进深 4.8m，层高 3.3m 的框架结构工程为背景。考虑到混凝土养护时间较长，浇筑完成后拆除不便，材料损耗大，成本高等原因，实训条件假设为基本测设控制点已经设定，基础工程已经施工完毕。因此，实训重点是基础工程施工完成后的测量工程、钢筋工程、脚手架工程、模板工程、混凝土工程等 5 个施工分项。每个分项工程又分成若干个工作任务，测量工程划分为测量放线与放样、高程传递和轴线投测等 2 个工作任务；钢筋工程划分为钢筋翻样、钢筋加工制作、柱钢筋骨架安装、梁钢筋骨架安装、楼板钢筋安装等 5 个工作任务；脚手架工程划分为外脚手架搭设、脚手架斜道搭设、满堂支撑架搭设、脚手板及安全网铺设等 4 个工作任务，模板工程划分为柱模板翻样下料、柱模板安装、楼盖梁板模板下料、楼盖梁板模板安装等 4 个工作任务，混凝土工程划分为混凝土工程量计算、混凝土制备、混凝土浇筑等 3 个工作任务；另将施工图识读作为 1 个独立的工作任务，共计 19 个实训任务。教师可根据学校实训基地的教学条件灵活使用本书，既可以参照本书的顺序进行框架结构施工全过程训练，也可以单独进行每个分项工程或工作任务的训练。

本书的特点是将基于行动导向教学理念的项目教学法应用于每个实训工作任务之中。教师在教学的过程中，要自觉地改变传统的角色定位，从知识的传授者变成活动的组织者、促进者，甚至是施工操作的参与者，在带领学生完成施工任务的过程中有意识地帮助学生积累实际工作经验，让学生在体验式的环境中学习。教师也可以不受本书的局限灵活组织实训，在更大程度上帮助学生加深对混凝土结构施工过程的认识，提高学生的职业技能，提升学生的职业素养。通过施工实践，使学生看到真实而完整的劳动成果，感受到成功的喜悦，激发其学习热情和工作兴趣。

本书由张建荣、黄河军主编。参加编写的还有在同济大学参加国家级专业学科带头人培训班的林刚、薛刚、李光辉、张隆隆、孙纪标、韩福祥、房俊静、赵希平、张冬、马亮、张华、陈志会、赵秀峰、闫继臣、林昌华和国家级骨干教师培训班的李秀敏、叶榕、杨万源、成海琳、崔永娟、高汝云、赵秀梅、苗玉媚、刘文秀、杨忠娅、徐艳芳、彭焱辉、瞿先嵘、李洪敬、姚玲玲、周甜甜、赵晓珊、邓毅、段燕。上海思博职业技术学院的刘毅、顾菊元老师参与了实训方案讨论和培训班的实训教学指导，同济大学 2014 届本科毕业生袁兵参与了书稿的汇编整理工作，在此一并表示衷心感谢！

限于编者水平，书中难免有错误和不当之处，敬请读者批评指正。

目　　录

任务 1 施 工 图 识 读

施工图是表示建筑工程项目总体布局、建筑物外部形状、内部使用功能及布置、内外装修、构造做法以及施工要求、设备选择等的图样。施工图具有图纸齐全、表达准确、要求具体的特点，是编制施工组织设计、施工图预算书、组织施工的依据，也是进行施工管理的重要技术文件。施工图识读是施工计划、组织、实施的首要基础工作。图 1-1 为施工图识读的照片。

图 1-1　施工图识读

1.1　实训任务及目标

1.1.1　实训任务

识读多层钢筋混凝土框架结构施工图要求读懂相关施工图纸，为后续施工实训做准备。

1.1.2　实训目标

了解房屋建筑的建筑施工图及结构施工图的组成、图示内容、表达方法及作用，熟悉钢筋混凝土框架梁、柱、楼板的形式、截面尺寸、配筋种类及构造要求；能够读懂建筑施工图和结构施工图，学会查阅和使用标准图集，为后续编制施工组织设计和施工图预算书、进行施工管理等工作提供依据；养成严谨、细致、认真的工作态度。

1.2　实训准备

1.2.1　建筑施工图和结构施工图识读的一般步骤

施工图按专业分类和施工阶段进行装订。对一般民用建筑来说，一套完整的施工图一般包括：建筑施工图、结构施工图、给水排水施工图、供热与通风施工图、电气施工图（又分强电部分和弱电部分）、其他特定专业安装施工图等。

在土建施工阶段，重点要识读建筑施工图和结构施工图，一般按先概括了解，再详读的顺序识读。

1.2.2 建筑施工图和结构施工图概括了解

在建筑施工图和结构施工图概括了解阶段，应按先看建筑施工图，后看结构施工图。

建筑施工图识读顺序一般为：

（1）看图纸目录，了解施工图的组成。

（2）看建筑设计总说明，整体了解建筑面积、层数、结构形式、使用功能、主要装修做法、门窗做法。

（3）看总平面图，了解拟建工程与周边建筑物、构筑物、绿化植物的位置关系和周边地形。

（4）看各层平面图，了解各楼层的使用功能分配，主要房间和走廊的轴间尺寸，楼梯间和电梯间数量、位置等。

（5）看屋面平面图，了解屋面排水形式、屋面坡度、坡向和落水口布置情况。

（6）看立面图，了解建筑物的室内外高差、各层层高、建筑总高等竖向尺寸和外墙装修做法。

（7）看剖面图，详细了解建筑物的室内外高差、各层层高、沿高度细部等竖向尺寸。

（8）看详图，了解图纸是否与其他建筑施工图配套和衔接。

结构施工图识读顺序一般为：

（1）看结构设计说明，了解建筑结构类型、层数、抗震设防类别、抗震设防烈度、抗震等级、人防工程设计等级、场地土的类别、设计使用年限、环境类别、钢筋保护层厚度、结构安全等级、材料的选用及强度等级等，同时还要看二次结构的做法是否全面可行。

（2）看基础平面图和基础详图，了解基础形式和代表性基础尺寸及配筋情况。

（3）看各层柱结构平面图，了解柱网布置和柱表，了解各层不同编号柱截面尺寸和层高及纵筋、箍筋配置情况。

（4）看各层梁结构平面图，了解不同编号梁截面尺寸和配筋情况。

（5）看各层板结构平面图，了解不同编号板厚和配筋情况。

（6）看楼梯结构施工图，了解楼梯配筋图纸是否全面可行。

1.2.3 建筑施工图和结构施工图详读

图纸详读阶段不但要遵循建筑施工图和结构施工图概括识读的顺序，做到详细审读每张图的重点部位，还要进行图纸之间的对比，做到能够读懂施工图的同时发现图纸中的错误、落项、互不协调、互相矛盾等问题。

（1）详读建筑设计说明，一般重点看：所参考的标准规范、指导性文件包括那些，是否正确和全面。建筑面积是多少，核对建筑面积计算是否准确。墙体材料是什么，厚度是多少，选择是否合理。建筑防火类别是什么，建筑耐火等级是怎么定的，设计是否合理。屋面和卫生间防水是怎么做的，是否合理。墙体和屋面节能保温是怎么做的，是否合理。材料装修做法表表示了哪些做法，做法表的内容是否正确和全面。选用了哪些图集内容，图集内容选择是否合理等。

（2）详读各层建筑平面图，一般重点看：不同楼层平面图轴编号是否一致，轴间尺寸标注是否协调一致。各楼层平面图尺寸三道线数字标注是否准确。各楼层门窗洞口尺寸是否与建筑设计说明门窗表中尺寸一致。房间内部尺寸标注是否准确和详细。首层平面图剖切位置和剖视方向是否与剖面图吻合。

（3）详读屋面平面图，一般重点看：落水口位置、数量与立面图落水管位置、数量是否一致。屋面排水坡度、坡向和落水口布置是否合理。

（4）详读立面图，一般重点看：立面图洞口位置及大小与各层平面图洞口位置及尺寸是否吻合。各方向立面图竖向尺寸标注是否准确。节点标高标注是否准确。外墙装修做法是否合理。

（5）详读各编号剖面图，一般重点看：各剖面图表达内容是否与首层平面图标示剖切位置和剖视方向吻合。各剖面图竖向尺寸标注是否准确。各剖面图洞口、墙体、梁的竖向尺寸是否与建筑立面图、梁结构平面图、门窗表中的尺寸一致。

（6）详读建筑详图，一般重点看：墙身详图和楼梯间详图中尺寸是否合理，做法标注是否准确、全面。其他节点详图是否与索引位置吻合。

（7）详读结构设计说明，一般重点看：参考的标准规范、指导性文件包括哪些，所参考的标准规范、指导性文件是否准确和全面。建筑抗震设防烈度是多少，抗震等级是多少，环境类别是什么。钢筋保护层厚度是多少，结构材料的选用及强度等级是什么。抗震设防烈度、抗震等级、环境类别、钢筋保护层、结构材料的选用及强度等级是否正确。过梁、圈梁、构造柱、拉结筋等二次结构是怎样设置的，二次结构的做法是否正确。

（8）详读基础平面图和基础详图，一般重点看：代表性基础截面尺寸是多少。配筋是怎样设计的。基础截面尺寸选择和配筋是否合理。

（9）详读各层柱结构平面图，一般重点看：各楼层柱网布置是否一致。各楼层不同编号柱截面尺寸多大，配筋是怎样设计的，各楼层不同编号柱截面尺寸和配筋是否合理。柱表层高、标高是否与建筑施工图中建筑标高一致。

（10）详读各层梁结构平面图，一般重点看：不同位置框架梁是怎样进行编号的，梁截面尺寸和配筋是怎样标注的，不同编号梁的跨数标注、集中标注截面尺寸、原位标注截面尺寸是否合理，集中标注和原位标注钢筋配置是否合理。

（11）详读各层板结构平面图，一般重点看：不同编号板的厚度是多少。不同编号板钢筋是如何配置的。不同编号板的厚度和钢筋配置是否合理。

1.3 施工图主要内容识读

1.3.1 建筑设计总说明

本工程建筑施工图设计总说明的主要内容见表 1-1。

建筑施工图设计总说明 表 1-1

一、工程概况
1. 项目名称：××办公楼
2. 设计依据：
规划部门、建委等相关部门的批复。
本院总图及其他相关专业所提供的资料。

中华人民共和国及××市有关部门颁布的建标、设计规范和指导性文件。

3. 建筑面积（略）

4. 建筑占地面积（略）

5. 建筑层数（略）

6. 建筑物耐火等级：二级；屋面防水等级：Ⅱ级。

二、一般说明

1. 本工程室内地坪标高±0.000相当于绝对标高5.000m。室内外高差450mm。室外绝对标高4.550m。

2. 本设计尺寸标注除特殊说明外均以毫米为单位，标高以米为单位。

3. 施工前土建工程应与其他专业密切配合，仔细校核，避免往返交叉和遗漏；墙体留洞、剔槽及埋管需计算确定，精心施工；施工中应与各专业工种图纸配合施工，并严格遵守国家有关标准及各项施工验收规范的规定。

三、混凝土结构工程（略）

四、墙体工程（略）

五、楼地面工程（略）

六、屋面工程（略）

七、装修工程（略）

八、门窗工程（略）

九、油漆工程（略）

十、其他

本设计所采用标准图除注明外，均按本说明施工。本说明未尽事宜均按国家及现行标准规范执行。

1.3.2　结构设计总说明

本工程结构施工图设计总说明的主要内容见表1-2。

结构施工图设计总说明　　　　　　　　　　　　　　　　　　　表1-2

一、本工程概况和总则

1. 本工程为6层框架结构，檐口标高为18.80m。

2. 相对标高±0.000相当于绝对标高5.000m。室内外高差450mm。

3. 建筑结构的安全等级为二级，基础设计等级为乙级。

4. 建筑物抗震设防类别为丙类，抗震设防烈度为7度，设计基本地震加速度为0.1g，设计地震分组为第一组，建筑物场地类别为Ⅳ类，特征周期$T_g = 0.9$s。

5. 混凝土结构的环境类别：室内正常环境为一类，室内潮湿环境、露天环境、与无侵蚀性的水或土壤直接接触的环境为二a类。

6. 结构混凝土耐久性要求

环境类别		最大水灰比	最小水泥用量（kg/m³）	最低混凝土强度等级	最大氯离子含量（%）	最大碱含量（kg/m³）
一		0.65	225	C20	1.0	不限制
二	a	0.60	250	C25	0.3	3.0

7. 砌体结构的施工质量控制等级为B级。

8. 结构的设计使用年限为50年。

9. 图纸中尺寸标高以米为单位，其他以毫米为单位。

二、设计依据（略）

三、取用荷载

1. 50年一遇的基本风压0.55kN/m²，地面粗糙度为B类。风载体型系数为1.3。

2. 50 年一遇的基本雪压 0.2kN/m²（小于屋面活荷载时按屋面活荷载考虑）。

3. 楼面活荷载标准值：楼梯、走道、卫生间 2.0kN/m²，房间 2.0kN/m²，挑出阳台 2.5kN/m²。

4. 屋顶活荷载标准值：0.5kN/m²。

四、材料选用及要求

1. 混凝土

构件	垫层	基础	柱	梁	板	防潮层圈梁
混凝土强度等级	C15	C30	C30	C30	C30	C30，P6

注：P6 为抗渗等级。

纵向受力钢筋的保护层厚度表（mm）

环境类别	板、墙	梁	柱	基础	备 注
一	15	20	20	—	除满足前述规定外，保护层厚度，尚不应小于受力钢筋的直径 d
二 a	20	25	25	—	
二 b	25	35	35	40	

2. 钢材

Φ 表示 HPB300 级钢筋（$f_y = 300\text{N/mm}^2$），Φ 表示 HRB335 级钢筋（$f_y = 335\text{N/mm}^2$）；Φ 表示 HRB400 级钢筋（$f_y = 400\text{N/mm}^2$）。

3. 焊条（略）

4. 砌体（略）

5. 本工程所用其他材料其型号、规格、性能、技术指标必须符合现行标准的规定。

五、地基及基础（略）

六、预埋铁件（略）

七、构造要求（略）

1.3.3 框架平面布置图

框架平面布置图如图 1-2 所示，应识读的内容有：

（1）本总平面图采用 1∶100 的绘图比例绘制。

（2）框架结构开间 3900mm，进深 4800mm。

1.3.4 柱平法施工图

框架柱平法施工图如图 1-3 所示，应识读的内容有：

（1）本图为一层框架柱的配筋图。

（2）框架柱只有一种，编号为 KZ1，截面尺寸为 300mm×350mm，纵筋为 6 Φ 18，加密区箍筋为 Φ 8@100，双肢箍，非加密区箍筋为 Φ 8@200，双肢箍。

1.3.5 梁平法施工图

框架梁平法施工图如图 1-4 所示，应识读的内容有：

（1）本图为一层框架梁的配筋图。

（2）横向框架梁 KL1 截面尺寸为 250mm×450mm，上部纵向贯通筋为 2 Φ 18，下部纵向贯通筋为 3 Φ 18，加密区箍筋为 Φ 8@100，双肢箍，非加密区箍筋为 Φ 8@200，双肢箍。纵向框架梁 KL2 截面尺寸为 250mm×400mm，上部纵向贯通筋为 2 Φ 18，下部纵向贯通筋为 3 Φ 18，加密区箍筋为 Φ 8@100，双肢箍，非加密区箍筋为 Φ 8@200，双肢箍。

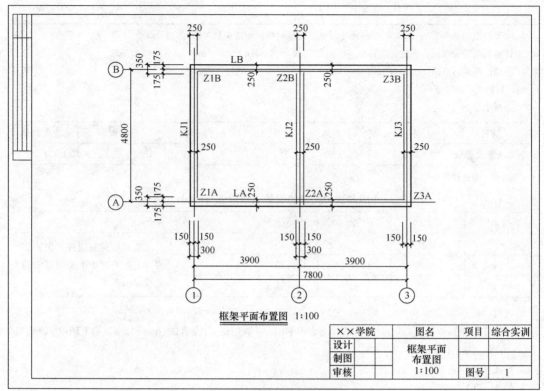

图 1-2　框架平面布置图

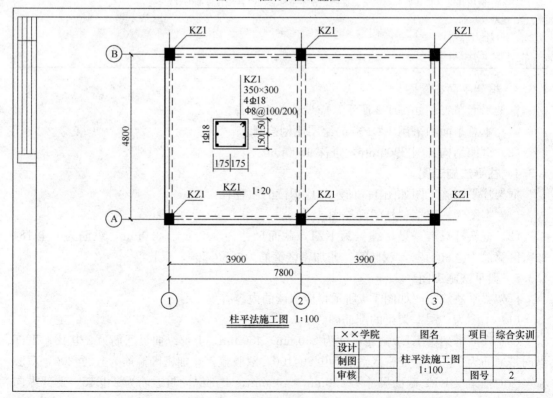

图 1-3　框架柱平法施工图

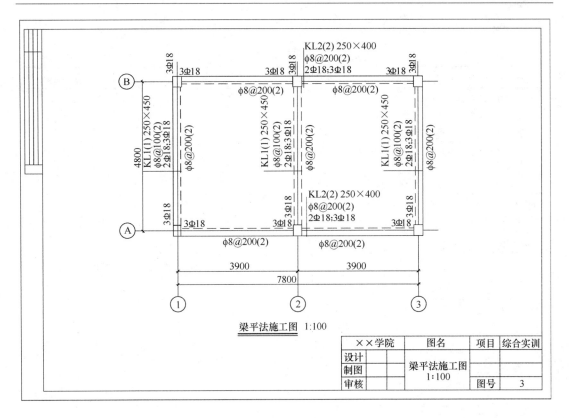

图 1-4 框架梁平法施工图

1.4 施工图识读效果检验

识读该套图纸的建筑及结构总说明，了解工程概况，填写表 1-3。

工程概况 表 1-3

工程名称		设计使用年限	
建筑层数		结构形式	
建筑面积		环境类别（地上）	
工程等级		抗震等级	
耐火等级		设防烈度	
房屋朝向		梁、柱混凝土强度	

1.5 总结评价

1.5.1 实训总结

参照表 1-4，对实训过程中出现的问题、原因以及解决方法进行分析，并与实训小组的同学讨论，将结果填入表中。

实训总结表 表 1-4

组　号		小组成员	
实训中的问题：			
问题的原因：			
问题解决方案：			
小组讨论结果：			

1.5.2　实训成绩评定

参照表 1-5，进行实训成绩评定。

实训成绩评定表 表 1-5

考核内容		分值	学生自评	教师评价
素质	学习态度	10		
	语言表达及沟通能力	10		
	团队合作完成任务	10		
知识	知识点的掌握程度	20		
	识图的熟练与准确度	10		
能力	能力目标的掌握程度	20		
	知识的灵活运用能力	10		
	理论与实践结合的能力	10		
权重			0.3	0.7
成绩评定				

1.5.3 知识扩充与能力拓展：配筋详图

以上介绍的是框架结构施工图的平法表示法。也可作框架梁柱配筋立面图、剖面图。图 1-5 为横向框架 KJ2 配筋图，图 1-6 为纵向框架梁配筋图。

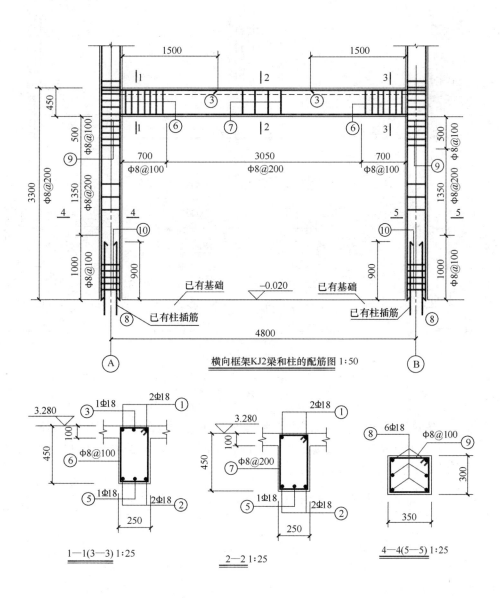

图 1-5 横向框架 KJ2 配筋图

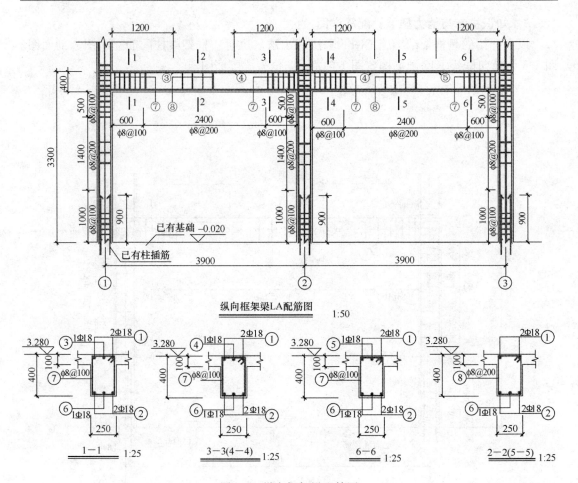

纵向框架梁LA配筋图
1:50

图 1-6　纵向框架梁配筋图

思 考 题

　　了解国家建筑标准设计图集《混凝土结构施工图平面整体表示方法制图规则和构造详图》11G101-1～11G101-3，识读《混凝土结构施工图平面整体表示方法制图规则和构造详图（现浇混凝土框架、剪力墙、梁、板）》11G101-1。

任务 2 测量放线与放样

测量工作的主要任务是：建立施工控制网，进行平面轴线的定位与放线，各层轴线的投测与竖向控制，各层高程的传递与抄平，变形观测与竣工测量等。它贯穿于建筑工程施工、管理、竣工验收等各个阶段，是确保工程质量与工程进度的重要工作之一。建筑施工测量放线、放样是施工管理人员的基本技能之一。建筑工程施工开始是施工定位放线、建筑放样，它关系到整个工程的成败。由于放线、放样错误造成房屋错位，不能满足功能设施要求的现象，屡见不鲜。放线、放样工作中应严谨、细致，不能有半点马虎。图 2-1 为测量放线的照片。

图 2-1 测量放线

2.1 实训任务及目标

2.1.1 实训任务

由于实训工程基本测设控制点已经设定，基础工程施工已经结束，本实训任务是根据工程现场条件制定测设计划，进行建筑物的定位放线和建筑物的放样，复核基础顶面标高。

2.1.2 实训目标

了解框架结构施工中测量放线的工作内容，理解施工放线与放样的工作原理。掌握使用经纬仪进行定位的操作方法。掌握建筑物放线的操作方法。了解坐标定位操作所需要的基本条件。理解全站仪坐标定位的操作方法。熟练掌握测量仪器的使用、维护技能。激发学生从事工程测量的兴趣，培养学生严谨、细致、踏实的工作作风。

2.2 实训准备

2.2.1 知识准备

识读施工图纸，查阅教材及相关资料，回答表 2-1 中的问题，并填入参考资料名称和学习中所遇到的其他问题。根据实训分组，针对表中的问题进行分组讨论。

问题讨论记录表　　　　　　　　表 2-1

组　号		小组成员		
问　题		问题解答		参考资料
1. 建筑物定位主要使用何种仪器？其适用情况如何？				
2. 经纬仪放样方法有哪些？说明其适用情况。				
3. 水平角的测量方法有哪几种？有什么精度要求？				
4. 其他问题				

2.2.2　技术准备

根据实训任务要求，思考并写出测设方法，画出测设方案草图，确定测设数据计算的检查方法，填入表 2-2。分组讨论后，确定小组测设方案。

测量放线工作方案　　　　　　　　表 2-2

组　号		小组成员	
测设方法			
测设略图			
质量控制方案及检查方法			

2.2.3　仪器及工具准备

各组依据测设方案编制测设仪器及工具清单。经指导老师检查核定后，方可借用或领取。表 2-3 为可供参考的实训所需仪器及工具。各组借领的仪器工具要有编号，并在借领时进行登记。仪器工具运到实训现场后要再做清点。借领的仪器工具及防护用品应经过严格检查，禁止使用不符合规范要求的工具及防护用品。同时准备足量的木桩、钢钉、测杆等物品。

实训所需仪器及工具   表 2-3

名称	规格	单位	数量	备注
电子经纬仪	DJ_6	台	1	
自动安平水准仪	DS_3	台	1	
钢卷尺	50m	把	1	
塔尺		把	1	
墨斗		个	1	
石笔		根	1	

2.2.4 注意事项

（1）测量放线所使用仪器应在校正后使用，否则其放样精度无法满足要求。

（2）应注意钢尺的零刻度位置，量取中间轴线的长度从整条轴线的端点开始，避免产生积累误差。用钢尺量距时，两人应同时用力拉紧并保持钢尺平直。

（3）做好成品保护以及施工标记。

（4）注意人身及机器安全，做到"人机一体"。

2.3 实训操作

2.3.1 建筑物的定位

本项目建筑物定位拟采用的测设方案如图 2-2 所示。

测设步骤：

（1）如图 2-2 所示，用钢尺沿宿舍楼的东、西墙，延长出一小段距离 l 得 a、b 两点，做出标志。

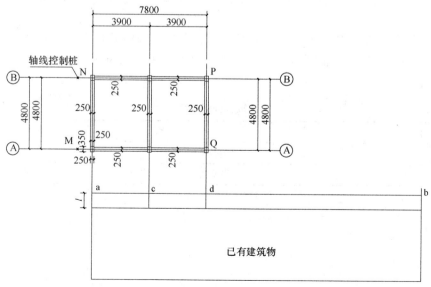

图 2-2 测设方案示意图（mm）

（2）在 a 点安置经纬仪，对中整平后，瞄准 b 点，从 b 沿 ab 方向量取 3.900m，定出 c 点，做出标志，再继续沿 ab 方向从 c 点起量取 3.900m，定出 d 点，做出标志，cd 线就是测设宿舍楼平面位置的建筑基线。

（3）调整经纬仪，瞄准 c 点，逆时针方向测设水平角 90°，沿此视线方向量取距离 s 及 4.800m，定出 M、N 两点，做出标志。在 d 点安置经纬仪，瞄准 c 点，顺时针方向测设水平角 90°，沿此视线方向量取距离 s 及 4.800m，定出 P、Q 两点，做出标志，此 M、N、P、Q 四点即为教学楼外廓定位轴线的交点。

（4）检查 NP 的距离是否等于 7.800m，角 N 和角 P 是否等于 90°，其误差应在允许范围内。如施工场地已有建筑方格网或建筑基线时，可直接采用直角坐标法进行定位。

测设数据填写于表 2-4。

经纬仪测量记录表   表 2-4

仪器组号		天气观测		班组		观测者		记录者	
测站	目标	竖盘	水平度盘读数		水平角值		边长		精度校核
		左							
		右							
		左							
		右							

2.3.2 建筑物的放样

本项目建筑物放样的测设步骤如下：

（1）使用墨斗弹出 MN、MQ、PQ、NP 四条轴线位置。

（2）从轴线位置向两侧各量取 125mm，定出梁边线位置，弹线。

（3）根据柱与轴线关系，采用同样的方法弹出柱的边线，并在柱边线的四个内角做三角形标记。

（4）小组交叉检验放线结果。利用钢尺检验出各个轴线的长度与设计值对比计算差值，因为本建筑结构的外轴线小于 30m，容许误差不大于 ±5mm，所以差值在 5mm 以内，精度合格。

建筑放样记录表   表 2-5

仪器组号		记录者		观测者		气温条件	
建筑放样							
工作过程		测设略图			检查检验		

2.3.3　地面标高的检查

本实训项目基础施工已经结束，应检查基础顶面标高是否符合设计要求。可用水准仪测出基础顶面若干点（尤其是柱子位置处）的实际高程，与设计高程比较，允许误差为±10mm。检查过程及结果填写于表 2-6。

基础标高的检查表　　　　　　　　　　表 2-6

仪器组号		记录者		观测者		气温条件	
测点编号	设计标高 （m）		实际标高 （m）		高差 （m）		水准点标高 及编号

2.4　成果验收

（1）小组内部对放样、定位、标高检查的实训工作进行自检，查找测量过程中的错误，并记入表 2-7。

（2）各小组之间对放样、定位、标高检查的实训工作成果进行互检，查找错误，并记入表 2-7。

（3）小组内及小组间讨论交流，分析发生错误的原因，提出解决问题的方法，将讨论结果记入表 2-7。

测设自检互检表　　　　　　　　　　表 2-7

组　号		工作任务	
出现的问题	自检结果：		互检结果：
原因分析			
解决方法			

2.5 总结评价

2.5.1 实训总结

参照表 2-8，对实训过程中出现的问题、原因以及解决方法进行分析，并与实训小组的同学讨论，将思考和讨论结果填入表中。

实训总结表 表 2-8

组　号		小组成员	
实训中的问题：			
问题的原因：			
问题解决方案：			
小组讨论结果：			

2.5.2 实训成绩评定

参照表 2-9，进行实训成绩评定。

实训成绩评定表 表 2-9

评定方式	评定内容	分值	得分
自评	测量方案的制定与实施	10	
	进度	10	
	成果质量	10	
	纠偏效果	10	
小组评定	成果质量	10	
教师评定	考勤	10	
	进度	10	
	测量方案的制定与实施	20	
	规范掌握	10	
总分		100	

2.5.3　知识扩充与能力拓展：坐标定位

坐标定位就是利用全站仪的坐标放样功能定出轴线的四个交点。需要的条件为：利用全站仪的坐标放样需要两个控制点，一个作为测站点，另一个作为后视方向点，两个控制点保证通视，同时要保证一个控制点可以看到整个施工区域。其次需要四个轴线交点的坐标信息，坐标信息可以向技术部门索取或直接从 CAD 平面图上读取。

操作过程为：

第一步：在测站点上安置全站仪，对中、调平。

第二步：在后视方向点上安置棱镜，对中、调平。

第三步：进入放样模式，输入测站点和后视点坐标，精确对准后视点。

第四步：输入轴线交点坐标后根据全站仪指引进行轴线交点定位。

第五步：利用全站仪进行角度和距离检验。

思　考　题

（1）如何利用已有建筑定出建筑基线？

（2）施工过程中平面控制点和高程控制点如何获取？

（3）坐标定位需要哪些已知条件？如何获取？

任务3 钢筋翻样

钢筋工程包括钢筋翻样、配料、除锈、调直、切断、成型、连接、安装等，它是混凝土结构施工中一个重要的分项工程。钢筋工程的施工质量直接影响结构的安全、可靠和耐久性。钢筋翻样是钢筋工程的重要工作之一，其内容是通过识读施工图，按照相关构造图集及规范要求进行钢筋的翻样，填写钢筋配料单。图3-1为钢筋翻样的照片。

图 3-1 钢筋翻样

3.1 实训任务及目标

3.1.1 实训任务

施工现场的测量放线工作已基本完成，本实训任务是依据结构施工图的要求，参照有关规范规定和图集，综合考虑施工机械和施工方法，进行梁、板、柱钢筋翻样，计算出钢筋下料长度和钢筋根数，填写钢筋配料单，作为钢筋配料加工的依据。

3.1.2 实训目标

掌握钢筋混凝土梁、板、柱及节点钢筋的基本构造知识、受力特点和施工规范要求，熟练掌握钢筋混凝土框架结构梁、板、柱钢筋翻样及下料长度计算的基本方法及要求；能正确识读结构施工图纸，完成框架结构梁、柱、楼板的钢筋翻样、下料长度计算，为作业班组提供钢筋加工配料单；养成严谨、细致、认真的工作态度。

3.2 实训准备

3.2.1 知识准备

识读结构施工图纸，查阅教材及相关资料，回答表3-1中的问题，并填入参考资料名称和学习中所遇到的问题。根据实训分组，以小组为单位对表中的问题进行讨论。

问题讨论记录表 表 3-1

组 号		小组成员	
问 题	问题解答		参考资料
1. 钢筋是如何分类的?			
2. 钢筋的锈蚀程度如何分类?			
3. 钢筋的连接方式有哪几种?			
4. 其他问题			

钢筋翻样的主要内容是根据构件配筋图填写配料单。配料单包括构件名称、钢筋编号、钢筋简图、钢筋型号、钢筋直径、下料长度、单位根数及合计根数,并计算钢筋的重量。再将所列内容及计算结果进行汇总列表,以便领料及钢筋加工。

(1) 钢筋下料长度

钢筋下料长度可按以下公式计算:

1) 直钢筋下料长度＝构件长度－保护层厚度＋弯钩增加长度＋(搭接长度)

2) 弯起钢筋下料长度＝直段长度＋斜段长度－弯曲量度差值＋弯钩增加长度＋(搭接长度)

3) 箍筋下料长度＝箍筋周长－箍筋弯曲量度差值＋弯钩增加长度

钢筋需要搭接时应增加搭接长度。

(2) 钢筋末端弯钩时下料长度的增加值

当 HPB300 级钢筋末端需要做 $180°$、$135°$、$90°$ 弯钩时,其圆弧弯曲直径 D 不应小于钢筋直径 d 的 2.5 倍,平直部分长度不宜小于钢筋直径 d 的 3 倍;HRB335 级、HRB400 级钢筋的圆弧内径不应小于钢筋直径 d 的 4 倍,弯钩的平直部分长度应符合设计要求,弯钩长度增加值为:

$180°$ 的每个半圆弯钩长度＝$6.25d$;

$135°$ 的每个半圆弯钩长度＝$4.9d$;

$90°$ 的每个半圆弯钩长度＝$3.5d$。

(3) 钢筋中部弯曲处的量度差值

钢筋弯曲处内皮收缩、外皮延伸、轴线长度不变,钢筋外包尺寸和轴线尺寸之间存在一个差值,即为"量度差"。施工图中所标注的钢筋尺寸为外包尺寸,因此,钢筋下料长度为各段外包尺寸之和减去弯曲处的量度差值。钢筋弯曲处的量度差值与钢筋弯心直径及弯曲角度有关,弯曲处的直径不小于钢筋直径的 5 倍。钢筋中部弯曲量度差值见表 3-2。

钢筋中部弯曲量度差值					表 3-2
钢筋弯曲角度	30°	45°	60°	90°	135°
钢筋弯曲调整值	0.35d	0.5d	0.85d	2d	2.5d

注：其中 d 为弯曲钢筋的直径。

（4）钢筋重量计算

钢筋重量可以按以下公式计算：

每米钢筋重量＝0.00617×d^2　kg/m（d 为钢筋直径，单位取 mm）。

钢筋重量＝每米钢筋重量×L　kg（L 为钢筋长度，单位取 m）。

建设工程常用的钢筋重量见表 3-3。

建筑工程常用钢筋重量查询表					表 3-3
钢筋直径（mm）	钢筋重量（kg/m）	钢筋直径（mm）	钢筋重量（kg/m）	钢筋直径（mm）	钢筋重量（kg/m）
6	0.222	14	1.209	25	3.850
6.5	0.260	16	1.580	28	4.837
8	0.395	18	2.000	32	6.318
10	0.617	20	1.234	36	7.996
12	0.888	22	2.986	40	2.468

3.2.2　工作方案准备

根据实训任务要求，在表 3-4 中列出完成钢筋翻样所需要的施工图纸，描述钢筋翻样的内容、目的、要求，写出翻样的步骤与方法。分组对上述内容开展讨论，确定小组钢筋翻样工作方案。

钢筋翻样工作方案			表 3-4
组　号		小组成员	
翻样相关的施工图			
翻样内容、目的、要求			
翻样的步骤及方法			

3.2.3　注意事项

（1）在进行框架柱、梁、板钢筋下料长度计算前，应根据图纸确定构件的抗震等级、混凝土级别、混凝土保护层厚度、钢筋的搭接位置、梁柱节点及箍筋加密区的规定，根据图集中的构造要求进行下料长度计算。

（2）应严格按照图纸、图集、规范要求确定钢筋的锚固长度及钢筋搭接长度。

（3）梁钢筋在支座处直锚时，除了应满足锚固长度要求外，还要同时满足大于等于 $0.5h_c+5d$ 的要求（h_c 为沿梁长方向柱截面尺寸，d 为梁伸入支座的钢筋直径）。

（4）箍筋的末端应做弯钩，弯钩的形式应符合设计要求。弯钩的平直部分长度，不考虑抗震要求的构件，不宜小于箍筋直径的5倍；有抗震要求的构件，长度不应小于箍筋直径的10倍且不小于75mm。当箍筋的弯钩需要包住两根搭接的纵筋时，箍筋的下料长度需增加一个纵筋直径。

（5）主次梁交界处有附加箍筋时，箍筋除按正常数量配置外，需按要求另加附加箍筋；主次梁交界处有吊筋时，需按要求计算吊筋的下料长度。

（6）当柱为变截面时，如 $c/h_b \leqslant 1/6$ 时，柱的受力筋在梁柱节点区倾斜向上，在节点区柱的箍筋下料长度不同，可先计算出最大箍筋和最小箍筋的下料长度，其他箍筋下料长度按比例插值计算。

3.3 实训操作

结构设计说明：框架结构的抗震等级为三级。梁、板、柱混凝土强度等级为C30，梁、柱的混凝土保护层厚度为25mm，板的混凝土保护层厚度为15mm，层高为3.3m。

3.3.1 梁钢筋下料长度计算

（1）横向框架梁 KL1 钢筋下料长度计算过程

① 号钢筋：$4800+175+175-2\times25-2\times8-2\times18-2\times25-2\times2\times18+2\times15\times18$
$=5466$mm

② 号钢筋：$4800+175+175-2\times25-2\times8-2\times18-2\times25-2\times2\times18+2\times15\times18$
$-2\times18=5430$mm

③ 号钢筋：$1500+350-25-8-18-25-2\times18+15\times18=2008$mm

⑤ 号钢筋：同②号钢筋。

⑥ 号箍筋：$(250-25\times2+450-25\times2)\times2-3\times2\times8+2\times12.9\times8=1358.4$mm。

横向梁 KL1 钢筋配料单　　　　　　　　　　　　　　　表 3-5

构件名称	钢筋编号	简　　图	直径(mm)	钢筋种类	下料长度(mm)	根数	重量(kg)
KL1	①	4998　270　270	18	上部通长筋	5466	2×3=6	65.60
	②⑤	270　270　4692	18	下部跨中受力筋	5430	3×3=9	97.74
	③	1774　270	18	端支座负筋	2008	2×3=6	24.10
	⑥	250　400	8	箍筋	1358.4	30×3=90	48.30

（2）纵向梁 KL2 钢筋下料长度计算过程

① 号钢筋：$7800+150+150-2\times25-2\times8-2\times18-2\times25-2\times2\times18+2\times15\times18$
$=8416\text{mm}$

② 号钢筋：$7800+150+150-2\times25-2\times8-2\times18-2\times25-2\times2\times18+2\times15\times18$
$-2\times18=8380\text{mm}$

③ 号钢筋：$1200+300-25-8-18-25-2\times18+15\times18=1658\text{mm}$

④ 号钢筋：$1200+300+1200=2700\text{mm}$

⑤ 号钢筋：同②号钢筋。

⑥ 号箍筋：$(250-25\times2+400-25\times2)\times2-3\times2\times8+2\times12.9\times8=1258.4\text{mm}$

纵向框架梁 KL2 钢筋配料单 表 3-6

构件名称	钢筋编号	简　图	直径(mm)	钢筋种类	下料长度(mm)	根数	重量(kg)
KL2	①	270 ⌐ 7948	18	上部通长筋	8416	2×2=4	67.33
	②⑤	270 ⌐⌐ 270 7912	18	下部受力筋	8380	3×2=6	100.56
	③	270 ⌐ 1424	18	端支座负筋	1658	2×2=4	13.26
	④	2700	18	中间支座负筋	2700	1×2=2	10.80
	⑥	250 350	8	箍筋	1258.4	25×2×2=100	49.71

3.3.2 柱钢筋下料长度计算

① 号钢筋：$3800+35\times18=4430\text{mm}$

② 号钢筋：$3300+500=3800\text{mm}$

③ 号钢筋：$[(300-2\times25)+(350-2\times25)]+2\times12.9\times10-3\times2\times8=1310\text{mm}$

柱钢筋配料单　　　　　　　　　　　　　　　　　　　　表 3-7

构件名称	钢筋编号	简　图	直径（mm）	钢筋种类	下料长度（mm）	根数	重量（kg）
柱	①		18	上位纵向受力筋	4430	3×6＝18	159.48
	②		18	下位纵向受力筋	3800	3×6＝18	136.80
	③	250 / 300（方框简图）	8	箍筋	1310	33×6＝198	102.45

注：因现场基础已经做好，表中柱的配筋取±0.000以上。

3.3.3 板钢筋下料长度计算

本实训项目楼板配筋图如图3-2所示。

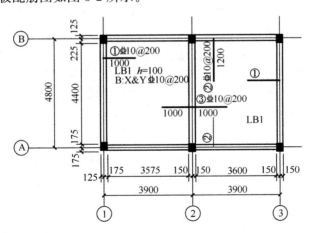

图 3-2　楼板配筋平面图（mm）

① 号钢筋：$1000＋125－25－8－18－2×10＋15×10＋120－15－15＝1294$mm

② 号钢筋：$1200＋125－25－8－18－2×10＋15×10＋120－15－15＝1494$mm

③ 号钢筋：$1000＋1000＋2×(120－15－15)－2×10＝2160$mm

④ 号钢筋（X方向板底受力筋）：3900mm

⑤ 号钢筋（Y方向板底受力筋）：4800mm

楼板钢筋配料单   表 3-8

构件名称	钢筋编号	简图	直径（mm）	钢筋种类	下料长度（mm）	根数	重量（kg）
楼板	①	1074 / 150 / 90	10	上部负筋	1294	46	36.73
	②	1274 / 150 / 90	10	上部负筋	1494	76	70.06
	③	2000 / 90 / 90	10	上部负筋	2160	23	30.65
	④	3900	10	下部受力筋	3900	46	110.69
	⑤	4800	10	下部受力筋	4800	38	112.54

3.4 成果验收

成果验收是对实训结果进行系统地检验和考查。每个小组的各成员都要将计算出的结果填入表 3-5～表 3-8，由实训指导老师检查下料计算的成果并给予评价。

3.5 总结评价

3.5.1 实训总结

参照表 3-9，对实训过程中出现的问题、原因以及解决方法进行分析，并在小组内讨论，将思考和讨论结果填入表中。

实训总结表   表 3-9

组　号		小组成员	
实训中的问题：			
问题的原因：			
问题解决方法：			
小组讨论结果：			

3.5.2　实训成绩评定

参照表 3-10，进行实训成绩评定。

实训成绩评定表

表 3-10

评定方式	评定内容	分值	得分
自评 小组评定	计算方案	10	
	放样图绘制	10	
	计算过程	10	
	材料汇总	10	
	小组合作	10	
教师评定	学习态度	10	
	进度	10	
	计算的准确性	20	
	规范掌握	10	
	总分	100	

3.5.3　知识扩充与能力拓展：钢筋下料长度简化计算

（1）箍筋简化计算方法

箍筋尺寸如图 3-3 所示。其下料长度可按以下方法进行简化计算：

箍筋下料长度＝$(a+b)\times 2+26.5d$

箍筋轴心（下料）长度：$(a_1+b_1)\times 2+3L_1+2L_2+20d$

式中：a、b 为内空尺寸；弯钩平直长度为 $10d$；

$a_1=a-1.25d\times 2$；

$b_1=b-1.25d\times 2$；

$L_1=3.14\times 3.5d/4=2.749d$；

$L_2=3.14\times 3.5d\times 135/360=4.123d$。

（2）拉钩筋简化计算方法

拉钩筋尺寸如图 3-4 所示。其下料长度可按以下方法进行简化计算：

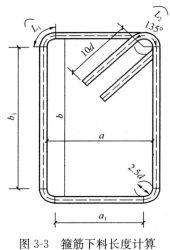

图 3-3　箍筋下料长度计算

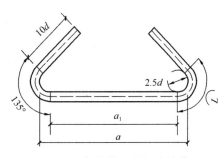

图 3-4　拉钩筋下料长度计算

拉筋下料长度$=a+25.75d$

轴心（下料）长度：$a_1+2L+20d$

式中：a 为内空长度；弯钩平直长度为 $10d$；

$\qquad a_1=a-1.25d\times2$；

$\qquad L=3.14\times3.5d\times135/360=4.123d$。

（3）圆钢末端加 $180°$ 弯钩简化计算方法

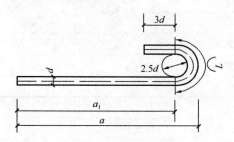

图 3-5　圆钢末端弯钩下料长度计算

圆钢末端弯钩尺寸如图 3-5 所示。其下料长度可按以下方法进行简化计算：

弯钩下料长度$=a+6.25d$

轴心（下料）长度：a_1+L+3d

式中：a 为外包长度；弯钩平直长度为 $3d$；

$a_1=a-d-1.25d$。

思 考 题

（1）钢筋配料单的作用是什么？配料单应包括哪些内容？

（2）板顶面负钢筋直钩如图 3-6 所示，下料长度、轴心（下料）长度如何进行简化计算？

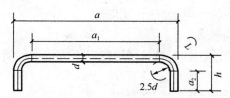

图 3-6　板顶面负钢筋直钩尺寸

任务4 钢筋加工制作

钢筋在翻样与下料单编制之后的工序是加工制作，即钢筋的除锈、调直、剪切、弯曲成型。加工细致的钢筋才能使骨架规范地成型，制作方便快捷且符合标准，使钢筋混凝土构件满足强度及耐久性要求。工作中应严谨、细致，不能有半点马虎。图4-1为钢筋下料弯折的照片。

图4-1　钢筋下料弯折

4.1　实训任务及目标

4.1.1　实训任务

根据钢筋下料清单，参照施工图纸和相关技术要求对钢筋进行加工制作，重点训练钢筋弯曲成型的方法和过程。

4.1.2　实训目标

熟悉钢筋的种类，掌握混凝土钢筋保护层的概念，了解不同型号及强度等级钢筋的材料力学性能，了解钢筋在混凝土中的粘结锚固性能，理解钢筋加工中除锈、调直的目的。能熟练使用钢筋加工工具、设备对钢材进行加工，遵守安全操作规程；了解钢筋加工的质量通病，能分析其原因并提出相应的防治措施和解决办法；熟悉钢筋工程检查验收内容，能按照钢筋加工质量评定标准进行自检和互检。培养准确、细致的工作作风，养成节约材料、杜绝浪费的职业习惯，强化安全施工、文明施工、保护环境、团队协作的意识。

4.2　实训准备

4.2.1　知识准备

识读施工图纸，查阅教材及相关资料。根据实训分组，针对表4-1中的问题展开讨论。把讨论结果填入表 4-1，并填入参考资料名称和学习中所遇到的其他问题。

问题讨论记录表 表 4-1

组 号		小组成员	
问 题	问题解答		参考资料
1. 钢筋加工的形状、尺寸的依据是什么？			
2. 钢筋的除锈途径和方法有哪些？各有何适用条件？			
3. 钢筋调直的方法有哪些？各有何适用条件？			
4. 钢筋切断的方法有哪几种？各有何适用条件？			
5. 其他问题			

4.2.2 工艺准备

根据实训施工图纸，在表 4-2 中列出本项目中钢筋的规格、形状、尺寸，描述钢筋加工制作的步骤与方法，写出钢筋质量控制要点及钢筋质量检验方案。分组对上述内容开展讨论，确定钢筋制作工作方案。

钢筋制作工作方案 表 4-2

组 号		小组成员	
1. 如何确定钢筋的规格、形状、尺寸？			
2. 说明钢筋制作的步骤及方法			
3. 如何进行钢筋质量控制及检验？			

4.2.3　材料准备

各组根据各自分配的实训任务，确定所需的材料和数量，并填写表 4-3。在实训指导老师检查评定以后，方可到材料库领取材料。领取的材料应严格检查，禁止使用不符合规范要求的材料。

实训所需材料表　　　　　　　　　　　　　　　　表 4-3

名称	直径（mm）	数量	备　注
HRB335	18	18 根 6m	根据钢筋下料单（KL1 所需通筋数量）
HPB300	8	21 根 6m	根据钢筋下料单（KL1 所需箍筋数量）

4.2.4　工具及防护用品准备

各组按照施工要求编制工具清单（表 4-4），经指导老师检查核定后，方可领取工具。各组领出的工具及材料要有编号，并对领出的物品进行登记。操作工具等运行实训现场后，应再做清点。领取的工具及防护用品应经过严格检查，禁止使用不符合规范要求的工具及防护用品。

实训所需工具及防护用品　　　　　　　　　　　　表 4-4

名称	规　格	单位	数量	备　注
GQ40 钢筋切断机	1190mm×450mm×680mm	台	1	有出厂合格证
GW40 钢筋弯曲机	730mm×720mm×730mm	台	1	有出厂合格证
断线钳	实际尺寸	把	每组 1 把	有出厂合格证
手摇扳手	500mm×18mm×16mm×16mm	个	小组人数	有出厂合格证
米尺	5m 或 7.5m	个	每组 4 个	可根据实训条件选定
直角尺	实际尺寸	个	每组 2 个	可根据实训条件选定
粉笔	实际尺寸	根	每组 3 个	可根据实训条件选定
石笔	实际尺寸	个	每组 3 个	可根据实训条件选定
实训服	实际尺寸	套	每人 1 套	可根据实训条件选定
安全帽	《安全帽》GB 2811—2007	顶	每人 1 顶	有出厂合格证
手套	《针织民用手套》FZ/T 73047—2013	双	每人 1 双	有出厂合格证

4.2.5　注意事项

（1）穿实训服，衣服袖口有缩紧带或纽扣，不准穿拖鞋。

（2）戴安全帽，留辫子的同学必须把辫子扎在头顶。

（3）作业过程必须戴手套。

（4）由指导老师负责实训指导与检查督促、验收。

（5）学生只使用手动操作工具，电动机械必须由指导老师开启操作。

4.3　实训操作

（1）熟记加工箍筋的规格、形状、尺寸。

（2）视领用材料情况进行调直、除锈、断料。其中给断料画线一般从钢筋中间开始，由于箍筋有两种弯折角度（135°和 90°），需用直角尺、米尺和粉笔配合画出相对应的角度。箍筋有三个 90°弯折和两个 135°弯钩，所以应在切断好的直钢筋上面画出五个点，如图 4-2 所示。有弯曲时相邻段各扣除一半弯折量度差参考值。具体步骤为：

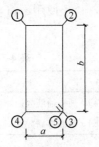

图 4-2　箍筋弯折点画线

在箍筋下料长度的中点处画①；

从①往右 $a-2d/2$ 处画②；

从②往右 $b-2d/2-d$ 处画③；

从①往左 $b-2\times2d/2$ 处画④；

从④往左 $a-2d/2-d$ 处画点⑤。

（3）画线后弯曲加工。由于箍筋形状简单且根数较多，一般在工作台上标示出离板柱外缘钢筋 1/2 长、长边、短边尺寸，边量边弯即可。步骤如下：以底盘成型轴靠右手（弯曲侧）的外皮（O 点）为准，在工作台上标示出箍筋 1/2 长（A 点）、箍筋短边内侧（B 点）、箍筋长边内侧（C 点）、箍筋弯钩增加长度（D 点）。为避免箍筋端部碰撞，应遵循从端部到中间再端部再中间的顺序，首先箍筋端部对准 D 点，即确定了 OD 长度，弯折 135°，量 OA 弯 90°，量 OB 弯 90°，量出 OB 弯折 135°，量 OC 弯 90°。

要注意观察指导教师与师傅的演示。另外，一般工地上先试弯 1 根，尺寸形状符合要求后再批量弯制。

4.4　成果验收

成果验收是对实训的结果进行系统地检验和考查。梁柱箍筋加工制作完成后，应该严格按照箍筋加工制作的质量检测方法和标准进行验收。箍筋加工的形状、尺寸应符合设计要求，其偏差应符合表 4-5 的规定。检验方法：钢尺检查。根据实训验收成果填写表 4-6。

钢筋加工的允许偏差　　　　　　　　　　　　　　　　　　　　　　表 4-5

项　　目	允许偏差（mm）
受力钢筋顺长度方向全长的净尺寸	±10
弯起钢筋的弯折位置	±20
箍筋内净尺寸	±5

检查验收表　　　　　　　　　　　　　　　　　　　　　　表 4-6

序号	项目	要求	结果	误差	备　注
1	箍筋长边方向尺寸				
2	箍筋短边方向尺寸				
3	弯折角度				
4	弯钩段长度				
	结果				

4.5　总结评价

4.5.1　实训总结

参照表 4-7，对实训过程中出现的问题、原因以及解决方法进行分析，并与实训小组的同学讨论，将思考和讨论结果填入表中。

实 训 总 结 表　　　　　　　表 4-7

组　号		小组成员	
实训中的问题：			
问题的原因：			
问题解决方案：			
小组讨论结果：			

4.5.2　实训成绩评定

参照表 4-8，进行实训成绩评定。

实训成绩评定表　　　　　　　表 4-8

序号	检验项目	检验方法	分值	检验记录	检验扣分	检验得分
1	钢筋弯起弯钩135°	目测法	5			
2	钢筋表面是否有油污	观察检验	2			
3	钢筋表面是否有颗粒状、片状老锈	观察检验	3			
4	施工操作	对照规范	30			
5	安全操作	对照规范	30			
6	文明施工	场地清理	10			
7	按时完成	计时	20			
	总分		100	—	—	
	质检员签名			日期		

4.5.3　知识扩充与能力拓展：钢筋弯钩和弯折的规定

（1）受力钢筋

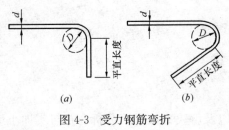

图 4-3　受力钢筋弯折

(a) 90°；(b) 135°

受力钢筋弯钩的平直段长度如图 4-3 所示。

1）HPB300 级钢筋末端应做 180°弯钩，其弯弧内直径不应小于钢筋直径的 2.5 倍，弯钩的弯后平直部分长度不应小于钢筋直径的 3 倍。

2）当设计要求钢筋末端需做 135°弯折时，HRB335 级、HRB400 级钢筋的弯弧内直径 D 不应小于钢筋直径的 4 倍，弯钩的弯后平直部分长度应符合设计要求。

3）当钢筋作不大于 90°的弯折时，弯折处的弯弧内直径不应小于钢筋直径的 5 倍。

（2）箍筋

除焊接封闭环式箍筋外，箍筋的末端应作弯钩。弯钩形式应符合设计要求；当设计无具体要求时，应符合下列规定：

1）箍筋弯钩的弯弧内直径不应小于受力钢筋的直径。

2）箍筋弯钩的弯折角度形式如图 4-4 所示。对一般结构，不应小于 90°；对有抗震等要求的结构应为 135°。

3）箍筋弯后的平直部分长度：对一般结构，不宜小于箍筋直径的 5 倍；对有抗震等要求的结构，不应小于箍筋直径的 10 倍。

（3）弯起钢筋画线

今有一根直径 20mm 的弯起钢筋，其所需的形状和尺寸如图 4-5 所示。画线方法如下：

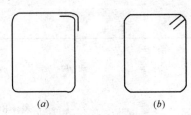

图 4-4　箍筋示意图

(a) 90°/90°；(b) 135°/135°

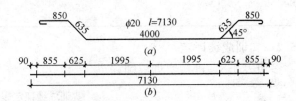

图 4-5　弯起钢筋的画线（mm）

(a) 弯起钢筋的形状和尺寸；(b) 钢筋画线

第一步：在钢筋中心线上画第一道线；

第二步：取中段 4000/2－0.5d/2＝1995mm，画第二道线；

第三步：取斜段 635－2×0.5d/2＝625mm，画第三道线；

第四步：取直段 850－0.5d/2＋0.5d＝855mm，画第四道线。

上述画线方法仅供参考。第一根钢筋成形后应与设计尺寸校对一遍，完全符合后再成批生产。

思　考　题

（1）常用钢筋加工机械有哪些？

（2）钢筋加工的步骤有哪些？

任务 5　柱钢筋骨架安装

柱钢筋骨架安装任务要求学生学会确定绑扎位置、数量、长度、搭接接头，以及绑扎钢筋骨架的流程、手法等技能。考虑到实训安全及学生技能培养的需要，有条件时可做柱竖筋电渣压力焊、机械连接等实训。钢筋骨架安装的质量应满足隐蔽性工程验收的要求，主要内容包括钢筋、预埋件等的品种、规格、数量、位置，以及钢筋的连接接头，保护层垫块等。学生应严谨、认真地完成任务。图 5-1 为柱钢筋绑扎的照片。

图 5-1　柱钢筋绑扎

5.1　实训任务及目标

5.1.1　实训任务

柱钢筋的加工与制作已经完成，本实训任务拟根据钢筋下料清单，参照实训图纸和相关技术要求安装柱钢筋骨架。

5.1.2　实训目标

掌握框架柱钢筋连接位置、接头数量、接头百分率的规定，能正确查阅有关技术手册和操作规定，并能应用于实训项目，能运用不同的钢筋绑扎技巧绑扎钢筋骨架，绑扣符合要求；了解钢筋工程的质量通病，能分析其原因并提出相应的防治措施和解决办法；熟悉框架柱钢筋隐蔽工程检查验收内容，能按照相关要求进行自检和互检。培养吃苦耐劳、团队合作的精神，养成安全文明施工的工作习惯和精细操作的工作态度。

5.2　实训准备

5.2.1　知识准备

识读施工图纸，查阅教材及相关资料，回答表 5-1 中的问题，并填入参考资料名称和学习中遇到的其他问题。根据实训分组，针对表中的问题分组进行讨论。

问题讨论记录表 表 5-1

组　号		小组成员		
问　题	问题解答			参考资料
1. 柱钢筋接头的位置有什么规定？				
2. 柱钢筋接头的方式有哪几种？				
3. 什么是钢筋屈服强度、极限强度和延伸率？				
4. 其他问题				

5.2.2　工艺准备

根据实训施工图纸，在表 5-2 中画出框架柱的截面配筋草图、立面配筋草图，描述柱钢筋绑扎安装的步骤与方法，写出钢筋绑扎安装质量控制要点及质量检验方法。分组对上述内容开展讨论，写出框架柱钢筋骨架绑扎安装工作方案。

框架柱钢筋骨架绑扎安装工作方案 表 5-2

组　号		小组成员	
柱截面配筋图、立面配筋图			
操作步骤及方法			
质量控制及检验方法			

5.2.3　材料准备

各组根据所分配的实训任务，确定所需的材料和数量，并填写表 5-3。由实训指导老师检查评定后，方可以到材料库领取材料。领取的材料应严格检查，禁止使用不符合规范要求的材料。

实训所需材料表　　　　　　　　　表 5-3

名称	规格（mm）	数量	备　注
20～22 号铁丝	220	若干把	事先切好
垫块	50×50×25	若干块	保护层厚度为 25mm，取 50mm 混凝土垫块
钢筋	φ18	25 根 6m	根据钢筋下料单确定，提前加工好

5.2.4　工具及防护用品准备

各组按照施工要求编制工具清单（表 5-4），经指导老师检查核定后，方可领取工具，各组领出的工具要有编号，并对领出的物品进行登记。工具搬运到实训现场后，应再做清点。领取的工具及防护用品应经过严格检查，禁止使用不符合规范要求的工具及防护用品。

实训所需工具及防护用品　　　　　　　表 5-4

名称	规　格	单位	数量	备　注
扎钩	260mm×18mm×8mm	个	每人 1 个	
卷尺	5m	个	每组 3 个	
手套	标准 22cm	双	每人 1 双	PVC 耐磨手套
工作服	按实际尺寸	套	每人 1 套	
安全帽	《安全帽》GB 2811—2007	顶	每人 1 顶	有出厂合格证

5.2.5　注意事项

（1）钢筋绑扎用的铁丝，可采用 20～22 号铁丝，其中 22 号铁丝只用于绑扎直径 12mm 以下的钢筋。铁丝长度可参考表 5-5 的数值采用。因铁丝是成盘供应的，故习惯上是按每盘铁丝周长的几分之一来切断。

钢筋绑扎铁丝长度参考表（mm）　　　　表 5-5

钢筋直径	3～5	6～8	10～12	14～16	18～20	22	25	28	32
3～5	120	130	150	170	190				
6～8		150	170	190	220	250	270	290	320
10～12			190	220	250	270	290	310	340
14～16				250	270	290	310	330	360
18～20					290	310	330	350	380
22						330	350	370	400

（2）准备控制混凝土保护层用的水泥砂浆垫块或塑料卡。水泥砂浆垫块的厚度应等于保护层厚度。垫块的平面尺寸：当保护层厚度小于或等于 20mm 时，为 30mm×30mm，大于 20mm 时，为 50mm×50mm。当在垂直方向使用垫块时，可在垫块中埋入 20 号铁丝。

塑料卡的形状有两种：塑料垫块和塑料环圈，如图 5-2 所示。塑料垫块用

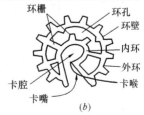

图 5-2　控制混凝土保护层用的塑料卡

（a）塑料垫块；（b）塑料环圈

于水平构件（如梁、板），在两个方向均有凹槽，以便适应两种保护层厚度。塑料环圈用于垂直构件（如柱、墙），使用时钢筋从卡嘴进入卡腔；由于塑料环圈有弹性，可使卡腔的大小能适应钢筋直径的变化。

（3）钢筋接头的位置，应根据来料规格及接头位置、数量等规定，使其错开，在模板上画线。

（4）绑扎形式复杂的结构部位时，应先研究逐根钢筋穿插就位的顺序，并与模板工讨论支模和绑扎钢筋的先后次序，以减少绑扎困难。

5.3 实训操作

5.3.1 绑扎流程

（1）按下料单领用钢筋材料，核对钢筋的品种、规格、形状、尺寸和数量等。

（2）确定每组用绑扎支架。备好钢筋钩、20～22 号铁丝、水泥砂浆垫块（塑料间隔件）。

（3）柱钢筋绑扎步骤为：柱脚孔立插筋（柱脚面相当于基础顶面，按接头面积不大于百分率 50％连接）→ 套箍筋 →绑扎立柱筋接头（搭接长度应符合要求，角部钢筋的弯钩应与模板呈 45°角，中间钢筋的弯钩应与模板呈 90°角，接头中间与上下两端需绑牢，再加扣）→画出箍筋间距线（粉笔在两根对角主筋上画点）→ 柱箍筋绑扎（由上往下，与主筋垂直，转角与主筋交点扎牢）→ 绑扎垫块（绑于柱竖筋外皮，间距1000mm）。

柱箍筋绑扎转角与主筋交点扎牢，非转角与主筋交点呈梅花交错绑扎，弯钩叠合沿柱子竖筋交错绑扎（图 5-3）。

5.3.2 绑扎工艺

绑扎工艺准备。在柱钢筋绑扎开始前可先安排学生每人完成 1 根钢筋绑扎连接训练。钢筋绑扎范围应扎牢搭接接头的中心与两端，如图 5-4 所示。

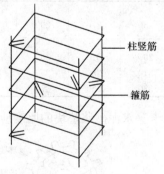

图 5-3 柱箍筋弯钩布置示意图

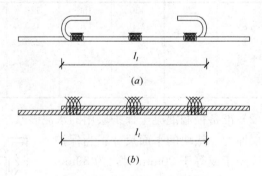

图 5-4 绑扎接头绑扣要求
（a）光圆钢筋；（b）带肋钢筋

在柱钢筋绑扎开始前可先安排学生每人完成 5 个不同手法的绑扎节点，各种绑扎方法如图 5-5 所示。建议先由师傅分解动作，再让学生动手练习不同绑扎方法。

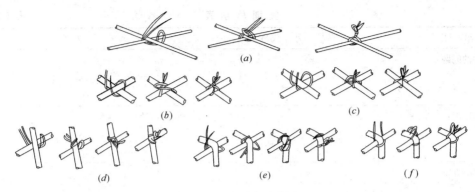

图 5-5　各种绑扎方法

（a）一面顺扣法；（b）兜扣法；（c）十字花扣法；（d）缠扣法；（e）兜扣加缠法；（f）套扣法

5.4　成果验收

成果验收是对实训结果进行系统地检验和考查。柱钢筋骨架绑扎和安装完成后，应该严格按照钢筋绑扎、安装的质量检测方法和标准进行验收。具体验收内容可参考表 5-6。

成 果 验 收 表　　　　　　　　　　　　　　　　　　　　表 5-6

姓名			班级		指导教师	
序号		检验内容		要求及允许偏差	检验方法	验收记录
1		工作程序		正确的安装程序	巡查	
2		钢筋骨架长允许偏差		±10mm	钢尺检查	
3		钢筋骨架宽、高允许偏差		±5mm	钢尺检查	
4	受力钢筋	间距		±10mm	钢尺检查	
5		排距		±5mm		
6		保护层厚度		±5mm	钢尺检查	
7		垫块间距 1000mm		不遗漏	检查	
8	绑扎箍筋	画线位置		正确	检查	
9		间距		±20mm	钢尺检查	
10		搭接接头位置、长度		正确	检查	
11		弯钩叠合处与纵筋错开绑扎		正确	检查	
12		转角与纵筋绑牢		正确	检查	
13		非转角与纵筋梅花点绑牢		正确	检查	

5.5　总结评价

5.5.1　实训总结

参照表 5-7，对实训过程中出现的问题、原因以及解决方法进行分析，并与实训小组的同学讨论，将思考和讨论结果填入表中。

| 实 训 总 结 表 | | 表 5-7 |

组　号		小组成员	

实训中的问题：

问题的原因：

问题解决方案：

小组讨论结果：

5.5.2　实训成绩评定

参照表 5-8，进行实训成绩评定。

| 实 训 成 绩 评 定 表 | | | | | 表 5-8 |

小组名称	选料单 （20分）	安装成果 （30分）	小组出勤 （20分）	团队综合 （20分）	上交成果 （10分）	总分 （100分）

5.5.3　知识扩充与能力拓展：柱中纵向钢筋配置

（1）柱中纵向受力钢筋的配置，应符合下列规定：

1）纵向受力钢筋的直径不宜小于 12mm，全部纵向钢筋的配筋率不宜大于 5%；圆柱中纵向钢筋宜沿周边均匀布置，根数不宜少于 8 根，且不应少于 6 根。

2）柱中纵向受力钢筋的净间距不应小于 50mm；对水平浇筑的预制柱，其纵向钢筋的最小净间距可按梁的有关规定取用。

3）在偏心受压柱中，垂直于弯矩作用平面的侧面上的纵向受力钢筋以及轴心受压柱中各边的纵向受力钢筋，其中距不宜大于 300mm。

4）当偏心受压柱的截面高度 $h > 600$mm 时，在柱的侧面上应设置直径为 $10 \sim 16$mm 的纵向构造钢筋，并设置复合箍筋或拉筋。

（2）现浇柱中纵向钢筋的接头宜设置在柱的弯矩较小区段，并应符合下列规定：

1）柱每边钢筋不多于 4 根时，可在一个水平面上连接（图 5-6a）；柱每边钢筋为 $5 \sim 8$ 根时，可在两个水平面上连接。

2）下柱伸入上柱时，搭接钢筋的根数及直径，应满足上柱受力的要求；当上下柱内钢筋直径不同时，搭接长度应按上柱内钢筋直径计算。

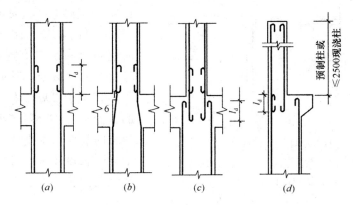

图 5-6　柱中纵向钢筋的接头（mm）

（a）上下柱钢筋搭接；（b）下柱钢筋弯折伸入上柱；（c）加插筋搭接；

（d）上柱钢筋伸入下柱

3）下柱伸入上柱时，钢筋折角不大于 1∶6 时，下柱钢筋可不切断而弯伸至上柱（图 5-6b）；当折角大于 1∶6 时，应设置插筋（图 5-6c）或将上柱钢筋锚在下柱内（图 5-6d）。

（3）顶层柱中纵向钢筋的锚固，应符合下列规定：

1）顶层中间节点的柱纵向钢筋及顶层端节点的内侧柱纵向钢筋可用直线方式锚入顶层节点，其自梁底标高算起的锚固长度不应小于 l_a，且柱纵向钢筋必须伸至柱顶。当顶层节点处梁截面高度不足时，柱纵向钢筋应伸至柱顶并向节点内水平弯折（图 5-7a）；当柱顶有现浇板且板厚不小于 80mm，混凝土强度等级不低于 C20 时，柱纵向钢筋也可向外弯折（图 5-7b）。弯折后的水平投影长度不宜小于 12d（d 为纵向钢筋直径）。

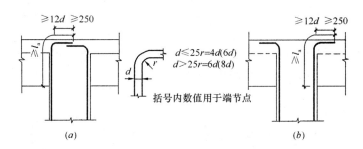

图 5-7　顶层柱中间节点纵向钢筋的锚固（mm）

（a）柱纵向钢筋向内弯折；（b）柱纵向钢筋向外弯折

2）框架顶层端节点处，可将柱外侧纵向钢筋的相应部分弯入梁内作梁上部纵向钢筋使用（图 5-8a），其搭接长度不应小于 $1.5l_a$；其中，伸入梁内的外侧纵向钢筋截面面积不宜小于外侧纵向钢筋全部截面面积的 65%。梁宽范围以外的柱外侧纵向钢筋宜沿节点顶部伸至柱内边，并向下弯折不小于 8d 后截断；当柱纵向钢筋位于柱顶第二层时，可不向下弯折。当有现浇板且板厚不小于 80mm、混凝土强度等级不低于 C20 时，梁宽范围以外的纵向钢筋可伸入现浇板内，其长度与伸入梁的柱纵向钢筋相同。

3）框架梁顶节点处，也可将梁上部纵向钢筋弯入柱内与柱外侧纵向钢筋搭接（图 5-

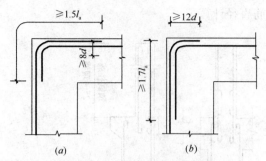

图 5-8 顶层端节点梁柱纵向钢筋的搭接（mm）

（a）柱外侧纵向钢筋弯入梁内作为梁上部纵向钢筋；

（b）梁上部纵向钢筋弯入柱内与柱外侧纵向钢筋搭接

8b），其搭接长度竖直段不应小于 $1.7l_a$。当梁上部纵向钢筋的配筋率大于 1.2% 时，弯入柱外侧的梁上部纵向钢筋应满足以上规定的搭接长度，且宜分两批截断，其截断点之间的距离不宜小于 $20d$（d 为梁上部纵向钢筋直径）。柱外侧纵向钢筋伸至柱顶后宜向节点内水平弯折，弯折段的水平投影长度不宜小于 $12d$（d 为柱外侧纵向钢筋直径）。

思 考 题

（1）钢筋绑扎的流程是什么？

（2）画图并说明钢筋绑扎接头绑扣的要求。

（3）了解柱竖筋电渣压力焊的工作原理。

任务6 外脚手架搭设

外脚手架是沿建筑物外围搭起的脚手架，既用于外墙砌筑，又可用于外装饰施工。脚手架按其所用材料分有木脚手架、竹脚手架和金属脚手架，按其结构形式分为多立杆式、碗扣式、门式、方塔式、附着式升降脚手架及悬吊式脚手架等，按搭设高度分为高层脚手架和普通脚手架。对外脚手架的基本要求有：宽度和步架高度应满足工人操作、材料堆置和运输的需要，坚固稳定，装拆简便，能多次周转使用。图 6-1 为外脚手架搭设的照片。

图 6-1 外脚手架搭设

6.1 实训任务及目标

6.1.1 实训任务

本实训任务为落地式钢管扣件脚手架的搭设。在前期已完成实训现场的建筑测量和定位放线工作后，在建筑物外围搭设双排落地脚手架。

6.1.2 实训目标

正确识读施工图，掌握外脚手架的构造、作用、搭设的步骤及基本要求，能根据现场实际情况确立外脚手架的搭设方案。正确准备材料、工具及个人防护用品等，掌握外脚手架搭设的施工流程和施工工艺，能运用常用的质量检测方法和标准进行外脚手架施工质量评定。培养吃苦耐劳、团队合作的精神，培养安全文明施工的工作习惯和认真细致的工作态度。

6.2 实训准备

6.2.1 知识准备

识读施工图纸，查阅教材及相关资料，回答表 6-1 中的问题，并填入参考资料名称和学习中所遇到的其他问题。根据实训分组，针对表中的问题分组进行讨论。

问题讨论记录表 表 6-1

组　号		小组成员		
问　题	问题解答			参考资料
1. 外墙脚手架有哪几种类型？				
2. 脚手架的作用是什么？				
3. 扣件式钢管脚手架有哪些配件？				
4. 其他问题。				

6.2.2　工艺准备

根据实训施工图纸，在表 6-2 中列出外脚手架搭设简图，描述外脚手架搭设的步骤与方法，写出质量控制要点及质量检验方案。分组讨论上述内容，确定外脚手架搭设工作方案。

外脚手架搭设工作方案 表 6-2

组　号		小组成员	
搭设方案简图			
搭设步骤及方法			
质量控制及检验方法			

在以下的讨论中，采用的搭设方案如图 6-2 所示。

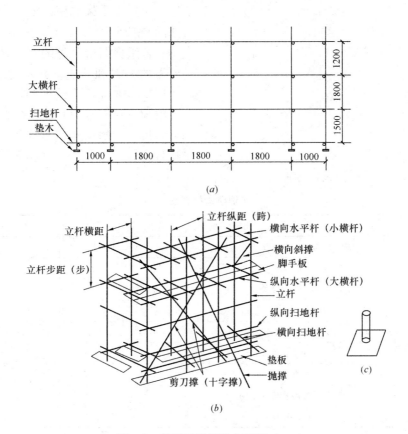

图 6-2　外脚手架搭设方案图（mm）

（a）尺寸示意图；（b）扣件脚手架构成示意图（图中未画出挡脚板、栏杆、连墙件及各种扣件）；

（c）底座示意图

6.2.3　材料准备

（1）钢管：采用 $\phi48.3\times3.6$mm 的钢管，其质量应符合现行国家标准规定。钢管表面平直光滑，无裂缝、结疤、分层、错位、硬弯、毛刺、压痕和深的划痕。钢管上严禁打孔，钢管在便用前先涂刷防锈漆。扣件材质必须符合《钢管脚手架扣件》GB 15831—2006 的规定。

（2）扣件：包括直角扣件、旋转扣件、对接扣件，扣件均应有出厂合格证明。对钢管、扣件、脚手板等架料进行检查验收，不合格产品不得使用。经检验合格的构配件按品种、规格分类，堆放整齐。扣件如图 6-3 所示。

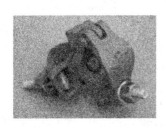

图 6-3　扣件

图6-4 钢管底座

（3）脚手架底座：钢管脚手架底座如图6-4所示。

各组根据所分配的实训任务，确定所需的材料和数量，并填写表6-3。由实训指导老师检查结果并评定以后，方可以到材料库领取材料。领取的材料应严格检查，禁止使用不符合规范要求的材料。

实训所需材料表   表6-3

名称	规格	单位	数量	备注
立杆	ϕ48.3×3.6mm（厚）×6m（长）	根	26	
立杆	ϕ48.3×3.6mm（厚）×3m（长）	根	22	
大横杆	ϕ48.3×3.6mm（厚）×6m（长）	根	64	
大横杆	ϕ48.3×3.6mm（厚）×3m（长）	根	24	
小横杆	ϕ48.3×3.6mm（厚）×1.5m（长）	根	78	
旋转扣件	标准扣件	个	30	
直角扣件	标准扣件	个	264	
对接扣件	标准扣件	个	20	
底座	标准规格	个	26	

6.2.4 工具及防护用品准备

脚手架搭设的工具及防护用品有扳手、安全带、防滑鞋、胶手套、安全帽等。各组按照施工要求编制工具及防护用品清单，参见表6-4，经指导老师检查核定后方可领取。各组领出的工具要有编号，并对领出的物品进行登记。工具等运到实训现场后应做清点。领取的工具及防护用品应经过严格检查，禁止使用不符合规范要求的工具及防护用品。

实训所需工具及防护用品   表6-4

名称	规格	单位	数量	备注
垫木	50mm×200mm×（3500～4000）mm	块	14	
手动扳手	套筒开口扳手（力矩25kN）	把	7	
安全帽	《安全帽》GB 2811—2007	顶	每人1顶	
手套	《针织民用手套》FZ/T 73047—2013	双	每人1双	

6.2.5 施工条件

（1）脚手架施工方案已经审批。

（2）施工现场脚手架基础已按设计施工完成并验收合格。

（3）施工现场脚手架的预埋件已按设计完成预埋并验收合格。

（4）脚手架施工所需材料和人员已进场。

6.2.6　注意事项

（1）服从指导教师的领导，实训期间，注意安全，严禁打闹、嬉戏，杜绝一切事故。

（2）实训时，遵守纪律，不迟到，不早退。

（3）尊重专业技术人员及指导教师，虚心求教。

（4）实训期间一般不得请假，特殊情况需请假者，按照学校有关规定执行。

（5）应清除搭设场地杂物，平整搭设场地，并使排水畅通。

（6）经检验合格的构配件应按品种、规格分类，堆放整齐、平稳，堆放场地不得有积水。

（7）支架搭设前先对支架基础进行处理，并在基础的两侧做好排水措施。

6.3　实训操作

6.3.1　施工流程

落地脚手架搭设的工艺流程为：场地平整、夯实→基础承载力实验、材料配备→定位设置通长脚手板、底座→纵向扫地杆→立杆→横向扫地杆→小横杆→大横杆（搁栅）→剪刀撑→连墙件→铺脚手板→扎防护栏杆→扎安全网。

6.3.2　施工工艺

脚手架应架设在平整、夯实的地基上。基底做法如图 6-5 所示。

（1）脚手架必须设置纵、横向扫地杆。纵向扫地杆应采用直角扣件固定在距底座上皮不大于 200mm 处的立杆上。横向扫地杆也应采用直角扣件固定在紧靠纵向扫地杆下方的立杆上。当立杆基础不在同一高度时，必须将高处的纵向扫地杆向低处延长两跨与立杆固定，高低差不应大于 1m。

（2）吊运脚手架构件等材料，要长、短分开，码放整齐、绑扎成束，并用绳索

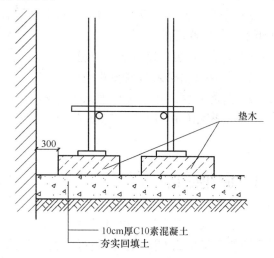

图 6-5　脚手架基底做法（mm）

两点起运，落放应平稳。搭拆脚手架要上下配合，零配件要用绳索提拉，严禁抛掷。

（3）脚手架使用中，要按施工方案及设计计算书的要求严格控制荷载，放置材料要均匀，不得集中堆放。

（4）在大风、大雨、大雪等恶劣天气后，项目部要对架子进行全面检查，保证架子安全使用。

（5）立杆搭设应符合下列规定：

立杆接长除顶层可采用搭接外，其他各层各步接头必须采用对接扣件连接；相邻立杆的对接扣件不得在同一高度内，且应符合下列规定：

1）两根相邻立杆的接头不应设置在同步内，同步内隔一根立杆的两个相隔接头在高

不小于0.1m

图 6-6　扣件端部边缘规范做法

度方向错开的距离不小于 500mm；各接头中心至主接点的距离不宜大于步距的 1/3。

　　2）搭接长度不应小于 1m，应采用不少于 2 个旋转扣件固定，端部扣件边缘至杆端距离不应小于 100mm（图 6-6）。

　　（6）纵向水平杆搭设应符合下列规定：

　　纵向水平杆宜设置在立杆内侧，其长度不宜小于 3 跨。

　　纵向水平杆接长宜用对接扣件，也可采用搭接。对接、搭接应符合下列规定：

　　1）纵向水平杆的对接扣件应交错布置，各接头至最近主接点的距离不宜大于纵距的 1/3。

　　2）搭接长度不应小于 1m，应等间距用旋转扣件固定，端部扣件盖板的边缘至杆端距离不应小于 100mm。

　　3）纵向水平杆应作为横向水平杆的支座，用直角扣件固定在立杆上。

　　（7）横向水平杆搭设应符合下列规定：

　　1）主接点必须设置一根横向水平杆，用直角扣件扣接且严禁拆除。主接点处两个直角扣件的中心距不应大于 150mm。

　　2）作业层上非主节点处的横向水平杆，宜根据支撑脚手板的需要等间距设置，最大间距不应大于纵距的 1/2。

　　（8）扣件安装应符合下列规定：

　　1）扣件规格必须与钢管外径相同。

　　2）螺栓拧紧力矩不应小于 40N·m，且不应大于 65N·m。

　　3）对接扣件的开口应朝上或朝内。

6.4　成果验收

　　成果验收是对实训结果进行系统地检验和考查。外脚手架搭设完成后，应严格按照外脚手架的质量检测方法和标准进行验收，部分验收内容参见表 6-5。

检 查 验 收 表　　　　　　　　　　　　　　　　　　　表 6-5

序号	检查验收内容	检查（实测）情况	验收结果
1	材料选用是否符合专项施工方案设计的要求	按方案要求和规范取样检测，查资料与实物（30 点）	材料有质保书，无开裂与变形，方案审批手续齐全，内容齐全准确
2	脚手架架设前是否进行技术交底	查安全资料	技术交底到位
3	脚手架立杆基础、底部垫板等是否符合专项施工方案的要求	查方案与实物（10 点）	按方案要求进行基础加固，底部垫板到位有验收记录

序号	检查验收内容	检查（实测）情况	验收结果
4	立杆纵、横向间距是否符合专项施工方案设计的要求	查方案与实物（10点）	按方案要求进行搭设，符合施工方案设计的要求
5	立杆垂直度是否大于1/200	全查	按方案要求进行搭设，符合施工方案设计的要求
6	纵横向扫地杆设置是否齐全	全查	按方案要求进行搭设，符合施工方案设计的要求
7	大、小横杆步距是否符合专项施工方案设计的要求	全查	按方案要求进行搭设，符合施工方案设计的要求
8	连墙杆件设置是否符合专项施工方案设计的要求，且不大于3步3跨	全查	按方案要求进行搭设，符合施工方案设计的要求
9	架身整体稳固，有无摇晃	全查	按方案要求进行搭设，符合施工方案设计的要求
10	护身栏杆搭设是否符合专项施工方案设计的要求	全查	外侧搭设立杆与双道防护栏杆和踢脚板，底部密封并用平网兜严

6.5　总结评价

6.5.1　实训总结

参照表6-6，对实训过程中出现的问题、原因以及解决方法进行分析，并与实训小组的同学讨论，将思考和讨论结果填入表中。

实　训　总　结　表　　　　　　　　　　　　　　　　表6-6

组　　号		小组成员	
实训中的问题：			
问题的原因：			
问题解决方案：			
小组讨论结果：			

6.5.2 实训成绩评定

参照表 6-7，进行实训成绩评定。

实训成绩评定表 表 6-7

小组	选料单 （20分）	搭设成果 （30分）	小组出勤 （20分）	团队综合 （20分）	上交成果 （10分）	总　分 （100分）

6.5.3 知识扩充与能力拓展：脚手架的使用和拆除

（1）脚手架使用中的危险因素

1）设计方案存在缺陷，不按规范搭设。

2）基础不实。

3）连墙件设置不足。

4）构配件锈蚀或存在缺陷。

5）超载使用。

6）私自拆改。

7）被碰撞。

8）脚手架周边进行土方开挖。

（2）脚手架的拆除施工工艺要求

拆架程序应遵守由上而下，先搭后拆的原则，一般的拆除顺序为：安全网→栏杆→脚手板→剪刀撑→横向水平杆→纵向水平杆→立杆。

不准分立面拆架或上下两步同时拆架。做到一步一清、一杆一清。拆立杆时，要先抱住立杆再拆开最后两个扣。拆除纵向水平杆、斜撑、剪刀撑时，应先拆中间扣件，然后托住中间，再解端头扣。所有连墙杆等必须随脚手架拆除同步下降，严禁先将连墙件整层或数层拆除后再拆脚手架。

分段拆除高差不应大于2步，如高差大于2步，应增设连墙件加固。

应保证拆除后架体的稳定性，连墙杆被拆除前，应加设临时支撑防止变形、失稳。

当脚手架拆至下部最后一根长钢管的高度（约6m）时，应先在适当位置搭临时抛撑加固后再拆连墙件。

思 考 题

（1）外脚手架搭设的基本要求是什么？

（2）脚手架搭设及拆除的工艺流程是什么？

（3）脚手架抛撑及剪切撑的设置要求是什么？

任务7 脚手架斜道搭设

脚手架斜道是各类人员上下脚手架的通道，同时也是各类材料、机械运输的重要通道，对施工现场的安全、工程的施工进度起着非常重要的作用。落地式脚手架应搭设斜道，以确保工程施工的有序进行。运料斜道宽度不应小于1.5m，坡度不应大于1:6，人行斜道宽度不应小于1m，坡度不应大于1:3。图7-1为脚手架斜道搭设的照片。

图7-1 脚手架斜道搭设

7.1 实训任务及目标

7.1.1 实训任务

实训现场外脚手架的搭设工作已完成。本实训任务为解决结构施工阶段施工人员上下及材料、机械垂直运输问题，在外脚手架处搭设脚手架斜道。

7.1.2 实训目标

正确识读施工图，掌握脚手架斜道的构造、作用、搭设的步骤及基本要求，能根据现场实际情况确立脚手架斜道的搭设方案；正确准备脚手架斜道搭设的材料、工具及个人防护用品等，掌握脚手架斜道搭设的施工流程和施工工艺，能运用常用的质量检测方法和标准进行脚手架斜道施工质量评定；培养吃苦耐劳、团队合作的精神，养成安全文明施工的工作习惯和精细操作的工作态度。

7.2 实训准备

7.2.1 知识准备

识读施工图纸，查阅教材及相关资料，回答表7-1中的问题，并填入参考资料名称和学习中所遇到的其他问题。根据实训分组，针对表中的问题分组进行讨论。

问题讨论记录表　　　　　　　　　　表 7-1

组　号		小组成员	
问　题	问题解答		参考资料
1. 如何保证脚手架的安全可靠？			
2. 脚手架搭设中有哪些构造要求？			
3. 脚手架拆除时应注意哪些问题？			
4. 其他问题。			

7.2.2　工艺准备

根据实训施工图纸，在表 7-2 中画出脚手架斜道搭设简图，描述脚手架斜道搭设的步骤与方法，写出质量控制要点及质量检验方案。分组对上述内容进行讨论，确定脚手架斜道搭设工作方案。

脚手架斜道搭设工作方案　　　　　　　　　表 7-2

组　号		小组成员	
搭设方案简图			
搭设步骤及方法			
质量控制及检验方法			

在以下的讨论中，拟采用的脚手架斜道搭设方案如图 7-2 所示。

7.2.3　材料准备

斜道采用全封闭钢管脚手架。由横杆、竖向立杆、安全栏杆、斜杆、挡脚板、剪刀撑

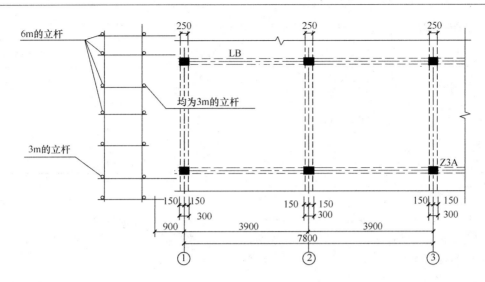

图 7-2　脚手架斜道搭设方案图（mm）

等组成，采用明黄色 $\phi48.3\times3.6$mm 钢管，并用扣件连接成整体。周围挂绿色密目安全网，内侧每层底部设挡脚板。

钢管采用 $\phi48.3\times3.6$mm 的焊接钢管，使用力学性能适中的 Q235 级钢，其材质应符合《碳素结构钢》GB/T 700—2006 的规定。用于立杆、横杆的钢管长度为 3、6m。用于小横杆的钢管长度为 1.5m，以适应脚手架的宽度。

禁止使用有明显变形、裂纹和严重锈蚀的钢管。应使用与钢管管径相配合的、符合我国现行标准的可锻铸铁扣件。严禁使用加工不合格，有锈蚀和裂纹的扣件。

各组根据所分配的实训任务，确定所需的材料和数量，并填写表 7-3。由实训指导老师检查评定后，方可以到材料库领取材料。领取的材料应严格检查，禁止使用不符合规范要求的材料。

实训所需材料表　　　　　　　　　　　　　　　　　　　　　　　表 7-3

名称	规格	单位	数量	备注
立杆	$\phi48.3\times3.6$mm（厚）$\times6$m（长）	根	3	
立杆	$\phi48.3\times3.6$mm（厚）$\times3$m（长）	根	2	
大横杆	$\phi48.3\times3.6$mm（厚）$\times6$m（长）	根	4	
大横杆	$\phi48.3\times3.6$mm（厚）$\times3$m（长）	根	4	
小横杆	$\phi48.3\times3.6$mm（厚）$\times1.5$m（长）	根	6	
旋转扣件	标准扣件	个	7	
直角扣件	标准扣件	个	10	
对接扣件	标准扣件	个	4	

7.2.4　工具及防护用品准备

脚手架搭设的工具及防护用品有扳手、安全带、防滑鞋、胶手套、安全帽等。各组按照施工要求编制工具及防护用品清单，参见表 7-4。经指导老师检查核定后方可领取工具，各组领出的工具要有编号，并对领出的物品进行登记。工具等运到实训现场后应做清点。领取的工具及防护用品应经过严格检查，禁止使用不符合规范要求的工具及防护用品。

实训所需工具及防护用品表

表 7-4

名称	规格	单位	数量	备注
垫木	50mm×200mm×（3500～4000）mm	块	4	
手动扳手	套筒开口扳手（力矩 25kN）	把	7	
安全帽	《安全帽》GB 2811—2007	顶	每人 1 顶	
手套	《针织民用手套》FZ/T 73047—2013	双	每人 1 双	

7.2.5 注意事项

（1）进入工地时必须戴好安全帽并系好带子，在高空施工注意坠落。

（2）扣脚手架扣件时，工具要放平放稳，不可悬放高处，以防止下落伤人，支撑用钢管及稳固件要放好。

（3）不得往下乱丢杂物及工具等。

（4）不得在施工过程中嬉戏、打闹。

（5）不得穿硬底鞋，不能赤膊上工地。

7.3 实训操作

7.3.1 脚手架斜道搭设程序与施工方法

按设计放线、铺垫板、设置底座或标定立杆位置。立杆下面需要垫 50mm×200mm×（3500～4000）mm 通长的木板。

按定位依次竖起立杆，将立杆与纵、横向扫地杆连接固定，然后搭设第 1 步的纵向和横向钢管，校正立杆垂直之后固定，并按此要求继续向上搭设。脚手架各杆件相交伸出的端头均大于 100mm，以防止杆件滑脱。

转角处及隔一根立杆（中心部位的）均设置双立杆，高度伸至帽梁顶部位。双立杆处接头及相邻立杆接头必须相互错开，错开距离不得少于 500mm。

斜道横向外侧设两道斜向支撑，与帽梁地锚及基坑顶部防护栏杆连接，斜向支撑与地面夹角为 45°～60°。

7.3.2 脚手架斜道质量检验

脚手架斜道的搭设作业应遵守以下规定：

（1）钢管的杆件连接必须使用合格的玛钢扣件，不得使用铁丝和其他材料绑扎。

（2）搭设场地在底板垫层，垫层须平整，搭设斜道范围内垫层略坡向四周，以便顺利排走积水。

（3）立杆下垫 50mm×200mm×（3500～4000）mm 的通长木板，使脚手架荷载能够均匀传递荷载，避免脚手架局部沉降。

（4）在搭设之前，必须对进场的脚手架杆配件进行严格的检查，禁止使用规格和质量不合格的杆配件。

（5）在设置第一排与护坡连接件前，"一"字形脚手架应设置必要数量的抛撑，以确保脚手架稳定和架上作业人员的安全。

（6）工人在架上进行搭设作业时，作业面上宜铺设必要数量的脚手板并临时固定。工人必须戴安全帽和佩挂安全带。不得单人进行较重杆配件安装和其他易发生失衡、脱手、碰撞、滑跌等不安全的作业。

7.4　成果验收

构架结构符合前述的规定和设计要求，个别部位的尺寸变化应在允许的范围之内。

节点的连接可靠，其中扣件螺栓拧紧扭力矩不应小于 40N·m，且不应大于 65N·m。抽查安装数量的 5%，扣件不合格数量不多于抽查数量的 10%。

钢脚手架立杆垂直度应不大于 1/300，且应同时控制其最大垂直偏差值：当架高大于 20m 时不大于 75mm。

纵向钢平杆的水平偏差应不大于 1/250，且全架长的水平偏差值不大于 50mm。

具体验收步骤详见表 7-5。

脚手架斜道（斜坡）验收表　　　　　　　　　　　　　　　　　　表 7-5

序号	项目	验收标准	验收结果
1	材料	钢管、扣件规格材质应符合要求，无严重锈蚀、弯曲、压扁或裂纹	材料合格证齐全，无裂纹、锈蚀，误差均小于 3mm
2	间距	立杆、横杆间距应与架子相适应。单独坡道的排木间距不得大于 1m	符合规范要求
3	宽度	人行坡道不小于 1m，运行坡道不小于 1.5m。超过 2m 应有设计方案	通道安装符合要求
4	坡度	人行坡道不大于 1:3，运料坡度一般为 1:6	坡度符合规范要求
5	休息平台	坡道转弯处必须有 0.8~1.5m 的平台。有护身栏和挡脚板	休息平台符合规范要求
6	脚手板	材质符合要求，板应铺严、铺牢。对头搭接时端部应用双排木，设木质 3cm×3cm 防滑条，间距不大于 30cm	符合要求，板铺严、铺牢
7	剪刀撑	斜坡道两侧、平台外围及端部设剪刀撑。脚手架外附斜坡道时，应加强连墙杆的设置	设剪刀撑连续封闭，角度 60°，接长 100cm，3 只扣件
8	梁柱防护	高度超出 2m，按规范搭设脚手架，作业面宽度不小于 60cm，外侧二道护身栏	符合规范要求
9	坑槽防护	坑槽边 1.5m 以内不得堆放材料，不得停置机械，二道护身栏，内侧立挂密目网	符合规范要求
验收结论	斜道搭设合格		
复查			
会签	栋号负责人　　技术负责人　　搭设班组　　使用班组　　安全员		

验收时间：　　　年　　月　　日

7.5 总结评价

7.5.1 实训总结

参照表 7-6，对实训过程中出现的问题、原因以及解决方法进行分析，并与实训小组的同学讨论，将思考和讨论结果填入表中。

实 训 总 结 表　　　　　　　　　　　　表 7-6

组　号		小组成员	
实训中的问题：			
问题的原因：			
问题解决方案：			
小组讨论结果：			

7.5.2 实训成绩评定

参照表 7-7，进行实训成绩评定。

实训成绩评定表　　　　　　　　　　　　表 7-7

小组名称	选料单 （20分）	搭设成果 （30分）	小组出勤 （20分）	团队综合 （20分）	上交成果 （10分）	总分 （100分）

7.5.3　知识扩充与能力拓展：脚手架安全作业

（1）脚手架的日常检查验收时间

1）搭设完毕后。

2）连续使用达到 6 个月。

3）施工中途停止使用超过 15d，重新使用之前。

4）在遭受暴风、大雨、大雪、地震等作用之后。

5）在使用过程中，发现存在显著的变形、沉降、拆除杆件和拉结不够等安全隐患时。

（2）架上作业注意事项

1）作业时应注意随时清理落到架面上的材料，保持架面上规整清洁，不要乱放材料、工具，以免影响自身作业安全和发生掉物伤人。

2）在进行撬、拉、推、拔等操作时，要注意采取正确的姿势，站稳脚跟，或一手把持在稳固的结构或支持物上，以免用力过猛时身体失去平衡或把东西甩出。在脚手架上拆除模板时，应采取必要的支托措施，以免拆下的模板材料掉落架外。

3）每次收工时，宜把架面上的材料用完或码放整齐。

4）禁止在架面上打闹戏耍、退着行走和跨坐在外护栏上休息。不要在架面上匆忙行走，人员相互躲让时应避免身体失衡。

5）在脚手架上进行电气焊作业时，要铺铁皮接着火星并移去易燃物，以免火星引燃易燃物。同时准备防火、灭火措施。一旦着火时，及时扑灭。

6）雨、雪之后上架作业时，应把架面上的积雪、积水清除掉，避免发生滑跌。

7）当架面高度不够，需要垫高时，一定要采用稳定可靠的垫高方法，且垫高不要超过 0.5m；超过 0.5m 时，应按搭设规定升高架子的铺板层。在抬高作业面时，应相应加高防护设施。

8）在架上运送材料经过正在作业中的人员时，要及时发出"请注意"、"请让一让"等信号。材料要轻搁稳放，不许采用倾倒、猛磕或其他匆忙卸料方式。

（3）脚手架倒塌原因

1）脚手架知识缺乏。

2）缺少协调。

3）违反常规。

4）没有遵守指令。

5）没有执行图纸/信息。

6）没有进行常规检查。

7）连墙件不足。

8）连墙件拆除不当。

9）材料破损（损坏）。

10）基础不合格。

11）搭建错误。

12）斜撑不足。

13）斜撑设置错误。

（4）安全员要严把脚手架"十道关"

在建筑施工中，脚手架是不可缺少的重要工具。但是，如果脚手架支搭和使用不当，往往会造成伤亡和巨大的经济损失。因此，对各种脚手架必须严把"十道关"：

1）材料：严格按规范的质量、规格选择材料。

2）尺寸：必须按规定的间距尺寸搭设。

3）铺板：架板必须满铺，不得有空隙和探头板、下跳板，并经常清除板上杂物。

4）拦护：脚手架外侧和斜道两侧必须设 1.2m 高的栏杆或立挂安全网。

5）连接：必须按规定设剪刀撑和支撑，必须与建筑物连接牢固。

6）承重：脚手架均布活荷载标准值，结构脚手架为 $3kN/m^2$，装修脚手架为 $2kN/m^2$，遇特殊荷载情况时必须经过计算和试验确定脚手架承载力。

7）上下：必须为工人上下架子搭设马道或阶梯。严禁施工人员从架子爬上爬下。

8）雷电：金属脚手架与输电线路要保持一定的安全距离，或搭设隔离防护措施。一般电线不得直接绑在架子上，必须绑扎时应加垫木隔离。当金属脚手架高于周围避雷设施时，要制定专项方案，重新设置避雷系统。

9）挑梁：悬吊式吊篮，除按规定加工外，严格按方案设置。

10）检验：各种架子搭好后，必须经技术、安全等部门共同检查验收，合格后方可投入使用。使用中应经常检查，发现问题要及时处理。

思 考 题

（1）脚手架斜道搭设有哪些要求？

（2）脚手架斜道搭设的方法。

（3）脚手架斜道搭设成果验收要点有哪些？

任务 8　脚手板及安全网铺设

　　脚手板又称脚手片,铺设在脚手架、操作架上,是便于工人在其上方行走、转运材料和施工作业的一种临时周转使用的建筑材料。建筑施工现场常用的脚手板有冲压钢板脚手板、木脚手板、竹脚手板(包括竹串片脚手板、竹笆板)。安全网是指在高空进行建筑施工、设备安装时,用来防止人、物坠落,或用来减轻、避免坠物伤害的网具。安全网由网体、边绳、系绳和筋绳组成。脚手板、安全网都是脚手架的重要组成部分。图8-1为铺设脚手板及安全网的照片。

图 8-1　铺设脚手板及安全网

8.1　实训任务及目标

8.1.1　实训任务

　　外脚手架、脚手架斜道和满堂脚手架等脚手架主体的搭设工作已完成,本实训任务应综合考虑施工方便、安全、规范等方面的要求,在脚手架上搭设脚手板和安全网。

8.1.2　实训目标

　　正确识读施工图,掌握脚手板、安全网搭设的基本步骤及要求,能根据现场实际情况确立脚手板、安全网的搭设方案;正确准备脚手板、安全网搭设的材料、工具及个人防护用品等,掌握脚手板、安全网搭设的施工流程和施工工艺,能运用常用的质量检测方法和标准进行施工质量评定;培养吃苦耐劳、团队合作的精神,养成安全文明施工的工作习惯和精细操作的工作态度。

8.2　实训准备

8.2.1　知识准备

识读施工图纸，查阅教材及相关资料，回答表 8-1 中的问题，并填入参考资料名称和学习中所遇到的其他问题。根据实训分组，针对表中的问题分组进行讨论。

表 8-1

问题讨论记录表

组　号		小组成员	
问　题	问题解答		参考资料
1. 施工现场安全生产的基本要求有哪些?			
2. 工地上应悬挂哪些安全警示标志?			
3. 安全员每天应在工地做哪些例行安全检查?			
4. 其他问题			

8.2.2　工艺准备

根据实训工程平面布置，在表 8-2 中绘制脚手板铺设简图、安全网外挂构造图，描述脚手板铺设及挂安全网的步骤与方法，写出质量控制要点及质量检验方案。分组对上述内容开展讨论，确定工作方案。

表 8-2

脚手板铺设及挂安全网的工作方案

组　号		小组成员	
搭设方案简图			
搭设步骤及方法			
质量控制及检验方法			

本实训拟采用的铺设方案如图 8-2 所示。

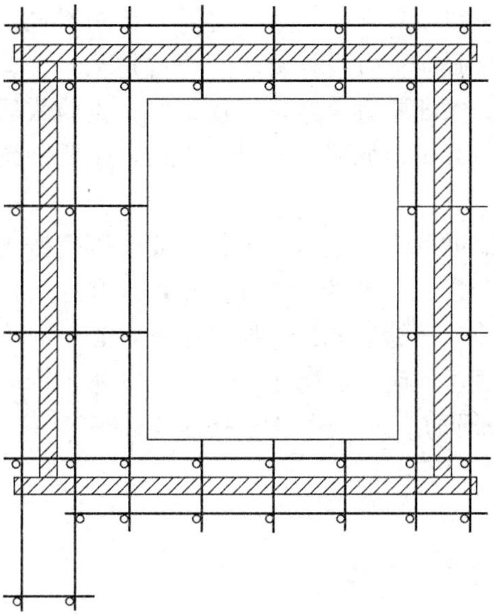

图 8-2　脚手板及安全网的铺设方案图

8.2.3　材料准备

各组根据所分配的实训任务，确定所需的材料和数量，并填写表 8-3。由实训指导老师检查评定以后，方可以到材料库领取材料。领取的材料应严格检查，禁止使用不符合规范要求的材料。

实训所需材料表　　　　　　　　　　　　　　　　　　　　表 8-3

名称	规格	单位	数量	备　注
脚手板	长 3m	块	24	
安全网	高 1.8m	延长米	44	目数不少于 2000 目/100cm²
竹笆板	长 1.2～1.3m	片	88	
铁丝	12 号镀锌铁丝	kg	5	

8.2.4　工具及防护用品准备

本项目需要的工具有运输工具、扳手、检测工具等，防护用品有安全帽、工作服、手套等。各组按照施工要求编制工具清单，参见表 8-4。经指导老师检查核定后，方可领取工具，各组领出的工具要有编号，并对领出的物品进行登记。工具等运到实训现场后应做清点。领取的工具及防护用品应经过严格检查，禁止使用不符合规范要求的工具及防护用品。

实训所需工具及防护用品表　　　　　　　　　　　　　　　表 8-4

名称	规　格	单位	数量	备　注
手动扳手	套筒开口扳手（力矩 25kN）	把	7	
安全帽	《安全帽》GB 2811—2007	顶	每人 1 顶	
手套	《针织民用手套》FZ/T 73047—2013	双	每人 1 双	

8.2.5 注意事项

（1）脚手架搭设人员必须戴安全帽、系安全绳、穿防滑鞋。

（2）作业层上的施工荷载应符合设计要求，不得超载。

（3）脚手板和安全网要保证质量合格，按规定经检查验收后方能使用。

（4）脚手板搭设要牢固可靠，如采用竹笆脚手板，则要铺设两层，并错位搭接与脚手架可靠连接。

（5）应按规定对脚手架进行安全检查与维护，安全网应按规定搭设和拆除。

（6）脚手架使用期间严禁拆除纵横水平杆、扫地杆和连墙件。

（7）不得在脚手架基础及其邻近处进行挖掘作业，必要时应采取安全措施。

（8）邻街搭设脚手架时，外侧应有防止坠物伤人的防护措施。

（9）搭拆脚手架时，地面应设围栏和警戒标志，并派专人看守，严禁非操作人员入内。

8.3 实训操作

脚手板铺设支撑点做法如图 8-3 所示。当使用竹笆脚手板时，纵向水平杆应采用直角扣件固定在横向水平杆上，并应等间距设置，间距不应大于 400mm，如图 8-3（a）所示。当使用冲压钢脚手板、木脚手板、竹串片脚手板时，纵向水平杆应作为横向水平杆的支座，用直角扣件固定在立杆上，如图 8-3（b）所示。

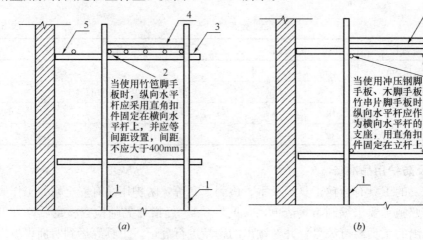

1—立杆；2—纵向水平杆；3—横向水平杆；
4—竹笆脚手板；5—其他脚手板

1—立杆；2—纵向水平杆；3—横向水平杆；
4—其他脚手板

图 8-3 铺设脚手板支撑点做法

8.3.1 脚手板的搭设要求

（1）脚手板必须满铺、铺严、铺稳，不得有探头板和飞跳板。脚手板离开墙面 120～150mm。

（2）作业层端部脚手板探头长度应取 150mm，其板长两端均应与支承杆可靠固定。

（3）在拐角、斜道平台口处的脚手板，应与横向水平杆可靠连接，防止滑动。

（4）冲压钢板脚手板、木脚手板、竹串片脚手板等，应设置在3根横向水平杆上。当脚手板长度小于2m时，可采用2根横向水平杆支承，但应将脚手板两端与其可靠固定，严防倾翻。

（5）脚手板的铺设可采用对接平铺，亦可采用搭接铺设，其要求如下：

1）脚手板对接平铺时，接头处必须设2根横向水平杆，两根水平杆间隙200～250mm。脚手板外伸长应取130～150mm，两块脚手板外伸长度的和不应大于300mm，如图8-4（a）所示。

2）搭接铺设脚手板时，接头必须支

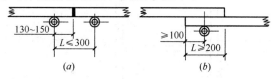

图8-4 脚手板端头铺设做法（mm）
（a）对接平铺；（b）搭接铺设

在横向水平杆上，搭接长度应大于200mm，其伸出横向水平杆的长度不应小于100mm，如图8-4（b）所示。

3）有门窗口的地方应设吊杆和支柱，吊杆间距超过1.5m时，必须增加支柱。

（6）冲压钢板脚手板的材质应符合现行国家标准《碳素结构钢》GB/T 700—2006中Q235-A级钢的规定。新脚手板应有产品质量合格证，不得有裂纹开焊与硬弯，新旧脚手板均应涂防锈漆，并应有防滑措施。新冲压钢脚手板必须有产品质量合格证（当板长≤4m时，挠度≤12mm；当板长＞4m时，挠度≤16mm；新冲压钢板脚手板的任意角的扭曲度≤5mm）。板长1.5～3.6m，厚2～3mm，肋高50mm，宽250mm，其表面锈蚀斑点直径不大于5mm，并在横截面方向不得多于3处，脚手板一端应压连接板的卡口，以便铺设时扣住另一块的端部，板面应冲有防滑圆孔。

（7）木脚手板应采用杉木或松木制作，其长度为2000～6000mm，厚度50mm，宽230～250mm。不得使用有腐朽、裂缝、斜纹及大横透节的板材。两端应设直径为4mm的镀锌铁丝箍两道。其质量应符合国家有关标准的要求，脚手板可采用钢木竹材料制作，每块质量不宜大于30kg。脚手板的绑扎材料一般采用10号或12号镀锌铁丝，且不得重复使用。

（8）竹串片和竹芭脚手板宜采用材质坚硬、不易折断、无虫蛀及腐朽的毛竹或南竹制作；竹笆脚手板应按其主竹筋垂直于纵向水平杆方向满设，且采用对接平铺，四个角应用直径1.2mm的镀锌铁丝固定在纵向水平杆上。

（9）上翻铺设脚手板应2人操作，配合要协调，要按每档由里逐块向外翻，到最外一块时，站到邻近的脚手板把外边一块翻上去。上翻铺设脚手板时必须系好安全带。脚手板翻板后，下层必须留一层脚手板或兜一层水平安全网作为防护层，不铺板时，横向水平杆间距不得大于3m。

8.3.2 栏杆与挡脚手板的做法

作业层、斜道的防护栏杆与挡脚板的搭设如图8-5所示，应符合以下规定：

（1）栏杆和挡脚板均应搭设在外立杆的内侧。

（2）上栏杆上皮高度为1.2m。

（3）挡脚板高度不应小于180mm。

（4）中栏杆应居中设置。

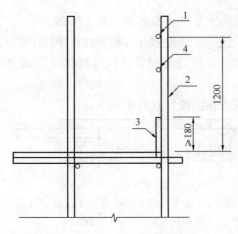

图 8-5　栏杆与挡脚手板的做法（mm）

1—上栏杆；2—外立杆；3—挡脚板；4—中栏杆

8.3.3　斜道脚手板的搭设要求

（1）脚手板横向铺设时，应在横向水平杆下增设纵向支托杆，纵向支托杆间距不应大于 500mm。

（2）脚手板顺向铺设时，接头宜采用搭接，下面的板头应压住上面的板头，板头的凸棱宜采用三角木顺填。

（3）人行斜道和运料斜道的脚手板上应每隔 250～300mm 设置一根防滑木条，木条宜为 20～30mm 厚。

（4）挡脚板高度不应小于 180mm，如图 8-5 所示。

8.3.4　安全网施工技术要点

脚手架满挂全封闭密目安全网，密目网采用 1800mm×6000mm 阻燃式规格，用网绳绑扎在大横杆外立杆内侧，如图 8-6 所示。

作业层安全网应高于平台 1200mm，并在作业层下部悬挂一道水平兜网，在架内高度 300mm 左右设首层平网，往上每隔 6 步设隔层平网，施工层逐层设网。作业层脚手架立杆于 600mm 和 1200mm 处设两道防护栏杆，底部侧面铺设 180mm 高的挡脚板。图 8-7 为连墙件、安全网现场照片。

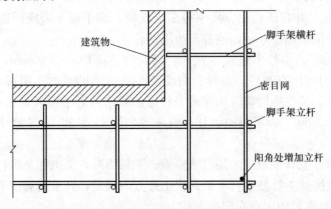

图 8-6　挂立网的做法

图 8-7　连墙件、安全网

（1）平网和立网的要求

安装平面不垂直于水平面，主要用来接住坠落的人和物的安全网称为平网。安装平面垂直于水平面，主要是用来防止人和物坠落的安全网称为立网。平网和立网均要有足够的耐冲击强度，一般是将网水平张开挂在离地 3m 的架子上，用直径为 550mm、高度不超过 900mm、质量为 120kg 的模拟人形的圆形沙包进行高空下坠冲击试验。平网的冲击试验高度为 7m，立网的冲击试验高度为 2m，要求受冲击后网绳、边绳、系绳都不断裂，测试重物不应碰到地面。

（2）网的外观检查

1）网目边长不得大于 100mm，边绳、系绳、筋绳的直径不少于网绳的 2 倍，且应大于 7mm。

2）筋绳必须纵横向设置，相邻两筋绳间距在 30～1000mm 之间，所有绳结成节点必须牢固，筋绳应伸出边绳 1200mm，以方便网与网或网与横杆之间的拼接绑扎，或另外加系绳绑扎。

3）旧网应无破损或其他影响使用质量的毛病。

（3）网的选择

1）根据使用目的选择网的类型。根据负载高度选择网的宽度，立网不能代替平网使用，而平网可代替立网使用。

2）当安全网宽为 3000mm 时，张挂完伸出宽度约 2500mm；当网宽 4000mm 时张挂后伸出宽度约 3000mm。

3）旧网重新使用前，按《安全网》GB 5725—2009 的规定，应全面进行检查，并签发允许使用证明方可使用。

（4）平网的安装

1）所有安全平网使用之前必须经过冲击试验检测合格后方可使用。安装前必须对支杆、横杆、锚固点进行检查，确认无误后方可开始安装。

2）安全平网安装形式为外高里低，角度以 30°为宜，里边与建筑物的结构边间隙不大于 100mm，网不得绷紧，下垂的最低点与挑支钢管斜撑的距离大于 1.5m。

3）严格按安全防护方案要求，在距地面 3m 处（首层顶）设一道安全平网，施工层设安全平网防护，随施工层上升，施工层下每隔 10m 设一道安全平网。

4）安全平网外侧每根筋绳要牢固地绑扎在外脚手架横向水平杆上，网内侧筋绳的固定，当主体砌筑采用无架眼施工时，应根据安全平网筋绳的间距设置预埋钢筋环，内侧筋绳绑扎在钢筋环内，待外墙抹灰时，将钢筋环弯折贴紧墙面即可。

5）随时检查安全平网，发现有破坏丢失的立刻进行补救处理，及时清理网上杂物。

（5）立网的安装

1）安全立网边绳断裂强力不得低于 3000N，网绳断裂强力不得低于 2000N。使用前应检查是否有腐蚀及损坏情况。

2）挂设立网必须拉直、拉紧。

3）网平面与支撑作业人员的面的边缘处最大的间隙不得超过 15cm。

4）密目式安全立网安装时，在每个系结点上，边绳应与支撑物（架）靠紧，并用一根独立的系绳连接，每根系绳都要系结在支撑物上（脚手架等），以防止安全网脱落。

5）密目式安全立网的系结点沿网边均匀分布，其距离不得大于 75cm。系结点应符合打结方便、连接牢固且容易解开，受力后又不会散脱的原则。

6）密目式安全立网在有筋绳的网安装时，必须把筋绳连接在支撑物（架）上，否则起不到加强网的作用。安装后，要检查是否有漏装现象，特别是在拐弯处。

7）密目式安全立网在施工工程的电梯井、采光井、螺旋式楼梯口，除必须设防护门（栏）外，应在井口内首层设置安全网，并每隔 4 层固定一道安全网。密目式安全立网在烟囱、水塔等独立体构筑物施工时，要在里、外脚手架的外围固定一道 6m 宽的双层密目式安全立网，井内应设一道密目式安全立网。

8.4 成果验收

成果验收是对实训结果进行系统地检验和考查。脚手板、安全网搭设完成后，应该严格按照脚手板、安全网的质量检测方法和标准进行验收。部分验收内容可参见表 8-5。

成果验收表 表 8-5

序号	项目名称	评分标准	分值	得分
1	操作过程是否合理		20	
2	脚手板伸出小横杆距离是否合理	错一处扣 1 分	10	
3	脚手板固定是否合理	错一处扣 1 分	15	
4	竹排固定是否合理	错一处扣 1 分	15	
5	脚手板搭接是否合理	错一处扣 1 分	15	
6	安全网搭设是否合理	是否规范操作	10	
7	安全文明施工	无事故，工完场清	10	
8	工 效		5	
合 计			100	

8.5 总结评价

8.5.1 实训总结

参照表 8-6，对实训过程中出现的问题、原因以及解决方法进行分析，并与实训小组的同学讨论，将思考和讨论结果填入表中。

实训总结表			表 8-6
组 号		小组成员	

实训中的问题：

问题的原因：

问题解决方案：

小组讨论结果：

8.5.2 实训成绩评定

参照表 8-7，进行实训成绩评定。

实训成绩评定表　　　　　　　　　　　　　　表 8-7

小组名称	选料单 （20 分）	搭设成果 （30 分）	小组出勤 （20 分）	团队综合 （20 分）	上交成果 （10 分）	总分 （100 分）

8.5.3 知识扩充与能力拓展：安全警示标志悬挂

工地上应按以下要求悬挂安全警示标志。

1）"禁止吸烟"牌挂设在木工制作场所。

2）"禁止烟火"牌挂设在木料堆放场所。

3）"禁止用水灭火"牌挂设在配电室内。

4）"禁止通行"牌挂设在井架吊篮下。

5）"禁带火种"牌挂设在油漆、柴油仓库。

6）"禁止跨越"牌挂设在提升卷扬机地面钢丝绳旁。

7）"禁止攀登"牌挂设在井架上、脚手架上。

8）"禁止外人入内"牌挂设在工地大门入口处。

9）"禁放易燃物"牌挂设在电焊、气割焊场所。

10）"有人维修、严禁合闸"牌在有人维修时挂在开关箱上。

11）"注意安全"牌挂设在外脚手架上和高处作业处。

12）"当心火灾"牌挂在木料堆放场所和电气焊场所。

13）"当心触电"牌挂在机械作业棚和配电室等处。

14）"当心机械伤人"牌挂在机械作业场所。

15）"当心伤手"牌挂设在木工机械场所。

16）"当心吊物"牌挂设在提升机作业区域内。

17）"当心扎脚"牌挂设在模板作业区域内。

18）"当心落物"牌挂设在地面外架周边区域内。

19）"当心坠落"牌挂设在高处作业的"四口、五临边"。

20）"安全通道"牌挂设在外架斜道上和主要通道口。

21）"必须戴安全帽"牌挂设在进入工地的大、小门口。

22）"必须系安全带"牌挂在高空作业又没有可靠防护处。

23）"当心塌方"牌在开挖土方时挂设在基坑临边。

24）"必须戴防护手套"牌挂设在振捣混凝土场所。

25）"必须穿防护鞋"牌挂设在振捣混凝土场所。

26）"当心滑跌"牌挂设在雨天易滑处。

思 考 题

（1）脚手板搭设有哪些要求？

（2）安全网施工技术要点有哪些？

任务9　柱模板翻样下料

　　建筑模板是混凝土浇筑成形的模壳和支架，是一种临时性结构。模板的设计和施工应能使混凝土按规定的位置、几何尺寸成形，保证混凝土工程质量与施工安全，加快施工进度，降低工程成本。

　　现浇混凝土结构工程用的建筑模板主要由面板、支撑结构和连接件三部分组成。面板是直接接触新浇混凝土的承力板；支撑结构是支承面板、混凝土和施工荷载的临时结构，保证建筑模板结构牢固地组合，做到不变形、不破坏；连接件是将面板与支撑结构连接成整体的配件。模板体系要承受混凝土结构施工过程中的水平荷载（混凝土的侧压力）和竖向荷载（建筑模板自重、结构和施工荷载）。图9-1为柱模板翻样下料的照片。

图9-1　柱模板翻样下料

9.1　实训任务及目标

9.1.1　实训任务

　　本实训任务拟根据实训施工图纸，对框架柱的模板进行翻样和下料计算，并根据下料单下料，为柱模板的安装做好准备。本实训共需制作6根框架柱的模板。

9.1.2　实训目标

　　正确识读结构施工图纸，掌握柱模板的基本构造知识、设计原理和施工规范，熟练掌握框架结构构件模板下料计算的基本方法；了解柱模板的作用、组成及分类，掌握柱模板制作的工艺流程，掌握柱模板的施工技术要求；能根据施工图纸，熟练进行框架结构构件模板的翻样、下料，为模板工程施工提供材料计划方案；培养收集、查阅资料的能力和施工组织设计的能力，增强安全防护意识；培养严谨、细致、认真的工作态度。

9.2 实训准备

9.2.1 知识准备

识读施工图纸，查阅教材及相关资料，回答表9-1中的问题，并填入参考资料名称和学习中所遇到的其他问题。根据实训分组，针对表中的问题分组进行讨论。

问题讨论记录表　　　　　　　　　　　　　　　　　表 9-1

组　号		小组成员	
问　题	问题解答		参考资料
1. 柱模板的作用是什么？			
2. 柱模板由哪些部件组成？			
3. 模板翻样和下料应注意哪些问题？			
4. 柱模板清理孔的作用是什么？			
5. 其他问题。			

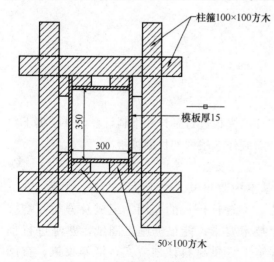

图 9-2　柱模板结构组成（mm）

矩形柱的模板由 4 块侧板、柱箍、支撑组成。一般柱子的四侧模板采用纵向模板，从两个方向夹紧拼制，如图 9-2 所示，其特点是模板横缝较少。为了防止在混凝土浇筑时模板产生膨胀变形，模外应设置柱箍。柱箍可采用木箍、钢框等。柱箍间距应根据柱断面大小经计算确定，一般不超过 1000mm，因下部混凝土侧压力较大，柱模下部间距应小些，往上可逐渐增大间距。

9.2.2 工艺准备

根据实训施工图纸，在表 9-2 中列出需进行模板翻样的构件名称并画出构件简图，描述模板翻样的步骤与方法。画出柱模板的展开图，描述模板下料的步骤与方法，写出质量控制要点及质量检验方法。在对上述内容进行讨论后，确定柱模板下料制作工作方案。

柱模板翻样下料制作工作方案 表 9-2

组　号		小组成员	
柱子编号及剖、立面图			
模板翻样下料的步骤及方法			
质量控制及检验方法			

9.2.3　材料准备

模板采用 915mm×1830mm×15mm 木胶模板制作整体模板，楞采用 50mm×100mm 方木，柱箍采用 100mm×100mm 方木（单面刨光），每 400～600mm 一道，最底一道距地面 300mm。板块与板块竖向接缝处理，做成企口式拼接，然后加柱箍、支撑体系将柱固定。支撑采用 φ48×3.5mm 钢管刚性支撑。

各组根据所分配的实训任务，确定所需的材料和数量，填写表 9-3。由实训指导老师检查评定以后，方可以到材料库领取材料。领取的材料应严格检查，禁止使用不符合规范要求的材料。

实训所需材料表 表 9-3

名称	规格（mm）	单位	数量	备注
木胶合板	915×1830	块	18	（总面积/每块模板面积）×1.2
木楞	50×100	根	48	2830mm 长
	100×100	根	144	800mm 长
钢钉	4 英寸	kg	2	
	2 英寸	kg	2	

9.2.4　工具及防护用品准备

各组按照施工要求编制工具及用品清单（表 9-4），经指导老师检查核定后，方可领取工具，各组领出的工具要有编号，并对领出的物品进行登记。工具等运到实训现场后应做清点。领取的工具及防护用品应经过严格检查，禁止使用不符合规范要求的工具及防护用品。

　　　　　　　　　　　　　表 9-4

名称	规格	单位	数量	备注
榔头	木柄羊角锤	把	2	
墨斗	普通手动墨斗	个	1	
手推车	通用型	辆	1	
卷尺	5m	个	2	
切割机	手提式	台	1	
电锯	板锯	把	1	
手锯	手提式	台	1	
安全帽	《安全帽》GB 2811—2007	顶	每人1顶	
手套	《针织民用手套》FZ/T 73047—2013	双	每人1双	

9.2.5　注意事项

（1）每组派一人管理工具，禁止在施工现场打闹、吸烟。

（2）进入施工现场必须穿好工作服，戴好安全帽。

（3）禁止接触电源，除负责人外不允许靠近模板切割机。

（4）登高作业时，连接件必须放在箱盒或工具袋中，严禁放在模板或脚手板上，扳手等各类工具必须系挂在身上或置放于工具袋内，不得掉落。

（5）使用榔头钉钢钉时应注意安全。

（6）工具、废料不能随意摆放，以防绊倒。

（7）钉错的钉子，应及时拔除或敲平，防止钉子扎脚。

9.3　实训操作

框架柱模板制作的一般顺序为：准备材料、工具→放样→弹线、切割→拼装→钉制→标识→成品养护。

9.3.1　柱模板翻样

根据框架施工图绘制柱模板的展开图，尺寸如图 9-3 所示。

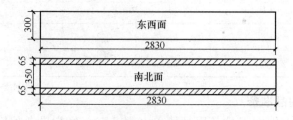

图 9-3　柱模板翻样图（mm）

根据柱模板展开图，计算模板下料尺寸（单位：mm）。

柱短边模板：　　300×（3300－450－20）＝300×2830　　　　　　　12块

柱长边模板：	$(350+15\times2+50\times2)\times(3300-450-20)=480\times2830$	12 块
竖木楞：	$(50\times100)\times2830$	60 根
柱　　箍：	$(40\times80)\times650$	96 根

9.3.2 施工工艺

柱子的特点是断面尺寸不大而高度较大。本实训柱模板采用胶合木模板拼装，每块胶合板尺寸为 900mm×1500mm。模板背楞在大面设左中右共三根，在小面设左右共两根，规格为 50mm×100mm。长度不同的木楞拼接时，较短的柱模木楞放中间，木楞需紧贴模板边，拼接的模板间隙不超过 2mm。采用钢钉连接，钢钉间距约 40mm。拼接好的模板需进行标识。

（1）弹线及定位：先在基础面（楼面）弹出柱轴线及边线，同一柱列则先弹两端柱，再拉通线弹中间柱的轴线及边线。按照边线先把底盘固定好，然后再对准边线安装柱模板。

（2）柱箍的设置：为防止混凝土浇筑时模板发生鼓胀变形，柱箍应根据柱模断面大小计算确定，下部的间距应小些，往上可逐渐增大间距，但一般不超过 1.0m。柱截面尺寸较大时，应考虑在柱模内设置对拉螺栓。本实训采用木条进行加固，每根柱子四道柱箍，每条柱箍木条长 650mm。

（3）柱模板须在底部留设清理孔，沿高度每 2m 开有混凝土浇筑孔和振捣孔。

（4）柱高大于等于 4m 时，柱模应四面支撑；柱高大于等于 6m 时，不宜单根柱支撑，宜几根柱同时支撑组成构架。

（5）对于通排柱模板，应先装两端柱模板，校正固定后，再在柱模板上口拉通线校正中间各柱模板。

9.4 成果验收

成果验收是对实训结果进行系统地检验和考查。柱模板制作完成后，应该严格按照柱模板制作的质量检测方法和标准进行验收。部分验收内容可参见表 9-5。

检查验收表　　　　　　　　　　　　　　　　表 9-5

项目	分值	检查标准	第一组	第二组	第三组	第四组
尺寸标准度	20	板边偏差 1～2mm				
板面缝隙大小	20	不大于 2mm				
材料合理利用	20	套裁损耗率最小				
钢钉间距和效果	10	不大于 500mm				
文明施工	10	工完场清				
安全施工	20	没有人员受伤				
总分	100	—				

9.5 总结评价

9.5.1 实训总结

参照表 9-6,对实训过程中出现的问题、原因以及解决方法进行分析,并与实训小组的同学讨论,将思考和讨论结果填入表中。

实 训 总 结 表　　　　　　　　表 9-6

组　号		小组成员	
实训中的问题:			
问题的原因:			
问题解决方案:			
小组讨论结果:			

9.5.2 实训成绩评定

参照表 9-7,进行实训成绩评定。

实训成绩评定表　　　　　　　　表 9-7

序号	考核内容	学生评价	小组评价	教师评价
1	出勤情况			
2	信息收集情况			
3	利用信息的能力			
4	编制计划的能力			
5	实训操作的能力			
6	小组内协调工作的能力			
7	组织管理工作的能力			
8	填写工程技术资料的能力			
	综合评价			

9.5.3 知识扩充与能力拓展:组合钢模板

(1)组合钢模板分类

组合钢模板:宽度 300mm 以下,长度 1500mm 以下,面板采用 Q235 钢板制成,面板厚 2.3mm 或 2.5mm,又称组合式定型小钢模或小钢模板;主要包括平面模板、阴角模板、阳角模板、连接角模等。

（2）组合钢模板施工作业前的准备工作

1）放好模板边线，模板中线，标高控制线。

2）检查各种机械设备运转是否正常。

3）墙、柱模板底口抹平砂浆、粘贴海棉条。

4）检查并校正墙、柱支撑时所用地锚。

5）模板使用前必须清理模板表面，表面涂刷隔离剂（水质），严禁使用废机油。

6）按规格、部位将模板吊运至施工部位，码放整齐。

7）架子管、操作架搭设完毕；墙、柱底部已凿毛，并清理干净。

8）钢筋、水、电专业与模板工长进行实运交接检。

思　考　题

（1）柱模板翻样下料应有哪些注意事项？

（2）框架柱模板制作的一般顺序是什么？

（3）框架柱模板翻样的施工工艺。

任务 10 柱模板安装

浇筑混凝土成形的模板以及支承模板的一系列构造体系称为模板工程，接触混凝土并控制预定尺寸、形状、位置的构造部分称为模板，支持和固定模板的杆件、桁架、连接件、金属附件、工作便桥等构成支承体系。模板工程是混凝土结构工程施工中的一种临时辅助性结构，但却至关重要。对结构复杂的工程，立模与绑扎钢筋所占的时间，比混凝土浇筑的时间长得多，因此模板的设计与组装工艺是混凝土施工中不容忽视的重要环节。

在框架结构建筑工程中，传统的梁板柱支模顺序：绑扎框架柱钢筋及搭设钢管脚手架→框架柱模板支设→框架柱混凝土浇筑→柱模拆除及梁底模板支设→梁钢筋绑扎→梁侧及现浇板模板支设→现浇板钢筋绑扎→浇筑梁板混凝土。当柱子钢筋连接后，将事先弯好的箍筋套在柱子受力筋上，用细铁丝将其绑扎固定，柱子全部箍筋绑扎完毕后可以安装柱模板。图 10-1 为柱模板制作安装的照片。

图 10-1 柱模板制作安装

10.1 实训任务及目标

10.1.1 实训任务

根据提供的图纸，在框架柱钢筋绑扎完成和柱模板制作完成的基础上，完成两跨框架结构柱模板的安装，并在安装完成后进行柱模板工程的验收。

10.1.2 实训目标

熟悉柱模板安装的工具和注意事项，掌握柱模板安装工艺流程和操作工艺，了解模板工程验收标准和方法，掌握柱模板验收的操作步骤和验收表格的填写。锻炼实际动手操作能力，能依据柱模板安装工作方案进行柱模板安装；培养与同伴合作交流的意识和能力，学会解决问题的过程和方法。

10.2　实训准备

10.2.1　知识准备

识读施工图纸，查阅教材及相关资料，回答表 10-1 中的问题，并填入参考资料名称和学习中所遇到的其他问题。根据实训分组，针对表中的问题分组进行讨论。

问题讨论记录表 表 10-1

组　号		小组成员	
问　题	问题解答		参考资料
1. 如何防止柱模板爆模？			
2. 如何控制柱模板的垂直度？			
3. 如何控制柱模板尺寸？			
4. 其他问题。			

10.2.2　工艺准备

根据结构施工图及柱模板下料单，在表 10-2 中画出柱剖面图、立面图，描述柱模板安装的步骤与方法，写出质量控制要点及质量检验方法。分组对上述内容开展讨论，确定柱模板安装工作方案。

柱模板安装工作方案 表 10-2

组　号		小组成员	
柱编号及剖、立面图			
模板安装的步骤及方法			
质量控制及检验方法			

10.2.3 材料准备

各组根据所分配的实训任务，确定所需的材料和数量，并填写表10-3。由实训指导老师检查评定以后，方可以到材料库领取材料。领取的材料应严格检查，禁止使用不符合规范要求的材料。

实训所需材料表 表10-3

名称	尺寸（mm）	单位	数量	备 注
模板	300×2835	块	6	
	415×2835	块	6	
竖木楞	50×100×2835	根	24	
横木楞	50×100×800	根	96	
短钢管	3000	根	24	

10.2.4 工具及防护用品准备

各组按照施工要求编制工具清单（表10-4），经指导老师检查核定后，方可领取工具，各组领出的工具要有编号，并对领出的物品进行登记。工具等运到实训现场后应做清点。领取的工具及防护用品应经过严格检查，禁止使用不符合规范要求的工具及防护用品。

实训所需工具及防护用品 表10-4

器具	规 格	单位	数量	备注
水准仪	DS$_3$	台	1	
电子经纬仪	DJ$_6$	台	1	
钢尺	5m	把	2	
吊锤		个	1	
榔头		把	4	
靠尺		把	2	
塞尺		把	2	
安全帽	《安全帽》GB 2811—2007	顶	每人1顶	
手套	《民用针织手套》FZ 73047—2013	双	每人1双	

10.2.5 注意事项

（1）进入工地时必须戴好安全帽并系好带子，高空施工时注意坠落，按规定系安全带。

（2）模板安装时，工具要放平放稳，不可悬放高处，以防止下落伤人，支撑用钢管及稳固件要放好。

（3）在施工时不可图方便而随意踩踏柱、板、梁等钢筋。

（4）施工人员不得随意往下乱丢杂物及工具等。

（5）支设模板时应注意安全，防止模板倾覆。

（6）严禁从上往下投掷任何物料。

（7）不得在施工过程中嬉戏、打闹。

（8）不得穿硬底鞋、高跟鞋上班，不得酒后作业。

（9）拆模时要严格按照拆模顺序拆模，以防模板、扣件、钢管等下落伤人。

10.3　实训操作

10.3.1　施工流程

柱模板安装的一般步骤是：模板准备→弹线→找平、定位→安装定位框→组装柱模→安装柱箍→安装拉杆或斜撑→校正垂直度→固定拉杆或斜撑→模板检查。

10.3.2　施工工艺

（1）施工准备：场地清理及模板的检查、清理、整平，连接件清理。

（2）定位、放样：根据给定的水准点，用经纬仪定出框架柱的中心点。根据主体结构施工图框架柱截面尺寸的大小，以框架柱中心点为准，弹出框架柱的位置线，测出标高。

（3）架设框架柱模板：柱模板安装前，放置与柱尺寸相同的木框，作为加设模板的定位框。安装时先吊装第一片模板，并临时支撑或用铁丝与柱主筋临时绑扎固定。随即吊装第二、三、四片模板，作好临时支撑或固定，防止目标倾覆。先安角柱，再安中间柱。

（4）校正固定：校正柱模板，校正完成后进行固定。

（5）柱模板的加固：竖楞、横楞安装后，根据柱模尺寸，侧压力大小，确定柱箍尺寸间距。柱箍用短钢管加扣件互相箍紧，间距 800mm，在柱底留清扫孔，便于清扫垃圾；然后安装剪刀撑，一边安装一边检查。

（6）柱模清理：柱模内清理干净，封闭清理口，办理柱模预检。

10.4　成果验收

成果验收是对实训结果进行系统地检验和考查。框架柱模板及其支架施工完成后，应该严格按照柱模板安装的质量检测方法和标准进行检查和验收，形成相关验收资料。部分验收内容可参见表 10-5。

柱模板安装工程验收表　　　　　　　　　　　　　表 10-5

项目名称		现浇框架柱模板安装		
序号	验收项目	允许偏差（mm）	检验方法	验收结果
1	轴线位置	5	钢尺检查	
2	底模上表面标高	±5	水准仪或拉线、钢尺检查	
3	柱截面内部尺寸	+4，−5	钢尺检查	
4	层高垂直度　不大于5m	6	经纬仪或吊线、钢尺检查	
	大于5m	8	经纬仪或吊线、钢尺检查	
5	相邻两板表面高低差	2	钢尺检查	
6	表面平整度	5	2m靠尺和塞尺检查	

项目名称		现浇框架柱模板安装		
序号	验收项目	允许偏差（mm）	检验方法	验收结果
7	固定方式和牢固度	正确		
8	工效	符合	是否符合工期要求	
9	文明施工		完工清理，无安全问题	

注：检查轴线位置时，应沿纵、横两个方向量测，并取其中的较大值。

10.5 总结评价

10.5.1 实训总结

参照表 10-6，对实训过程中出现的问题、原因以及解决方法进行分析，并与实训小组的同学讨论，将思考和讨论结果填入表中。

实 训 总 结 表   表 10-6

组 号		小组成员	
实训中的问题：			
问题的原因：			
问题解决方案：			
小组讨论结果：			

10.5.2 实训成绩评定

参照表 10-7，进行实训成绩评定。

实训成绩评定表   表 10-7

项目内容	要 求	成 绩		
		自评分	小组评分	教师评分
劳动态度	是否积极主动参与实训			
工程进度	安装是否符合进度安排			
安装流程	操作流程是否符合规定			
工程质量	是否符合规范要求			
验收方法	方法和程序是否规范			
意见与反馈				

10.5.3　知识扩充与能力拓展：钢模板的安装

以柱子为例，钢模的安装方法主要有以下步骤：

（1）先将柱子第一节四面模板就位，用连接角模组拼好，角模或连接角宜高出平模，校正调整好对角线，并用柱箍固定。然后以高出的角模连接件为基准，用同样的方法组拼以上模板。其水平接头和竖向接头要用 U 形卡正反交替连接。模板四周粘贴海棉条。

（2）通排柱，先安装两端柱；经校正、固定后，拉通线校正中间各柱，并通过花篮螺栓或可调螺杆调节、校正柱模的垂直度；浇筑混凝土时，利用通线观察模板有无变形并及时调整。

（3）安装定型柱模板：模板按要求加工为 4 片，就位后先用铁丝与主筋绑扎临时固定，然后用 M16 螺栓进行固定。

使用钢模时，柱箍和支撑的设置应符合以下要求：

（1）小钢模拼装的柱模的柱箍采用 ϕ48 钢管，间距 500mm；定型模板框架柱采用 80mm×43mm×5mm 槽钢柱箍，间距 1m。第一道距地高度为 15cm。

（2）柱模的斜撑每边设 2 根，高度分别为距地 1、2m。楼层较高时，增加一道斜撑，并与预埋在板内的钢筋环拉结，钢筋环与柱距离为 3/4 柱高。

（3）外侧柱钢模采用从里面拉顶的办法解决。

（4）柱尺寸大于 400mm 时，设 1 道对拉螺栓；大于 800mm 时设 2 道对拉螺栓。螺栓直径为 14mm。

思　考　题

（1）模板安装过程中有哪些注意事项？

（2）柱模板安装的步骤是什么？

（3）叙述柱模板安装的施工工艺。

任务 11　满堂支撑架搭设

满堂扣件式钢管支撑架为安装钢结构或浇筑混凝土等而搭设的承力支架。该架体是在纵、横方向，由不少于三排立杆及水平杆、水平剪刀撑、竖向剪刀撑、扣件等构成的脚手架。上部施工荷载通过可调托撑轴心传力给立杆，顶部立杆呈轴心受压状态，荷载传递方式为：托撑→立杆→基底。图 11-1 为满堂支撑架搭设的照片。

图 11-1　满堂支撑架搭设

11.1　实训任务及目标

11.1.1　实训任务

本实训任务是在完成整个外脚手架和脚手架斜道搭设的基础上，根据框架平面布置图完成框架楼板范围内满堂支撑架的搭设和验收，为楼盖梁板模板安装做准备。

11.1.2　实训目标

了解满堂支撑架的特点；熟悉满堂支撑架的构造要求；熟悉满堂支撑架的一般搭设程序；熟悉满堂支撑架施工的安全技术要求。能够查阅施工手册，根据施工图纸，结合施工现场实际，制定合理的满堂支撑架搭设方案，能够进行工程施工满堂脚手架的搭设；能够贯彻满堂支撑架施工时的安全措施；能够进行满堂支撑架搭设质量检验。养成热爱建筑工程技术专业、勤奋学习的精神；培养学生诚实、守信、善于沟通和合作的品质。

11.2　实训准备

11.2.1　知识准备

识读施工图纸，查阅教材及相关资料，回答表 11-1 中的问题，并填入参考资料名称

和学习中所遇到的其他问题。根据实训分组，针对表中的问题分组进行讨论。

问题讨论记录表 表 11-1

组　号		小组成员	
问　　题	问题解答		参考资料
1. 支撑架承受哪些荷载？			
2. 支撑架安全验算有哪些内容？			
3. 支撑架有哪些构造要求？			
4. 支撑架搭设过程中要注意哪些问题？			
5. 其他问题			

11.2.2　工艺准备

根据实训项目的结构平面布置，在表 11-2 中画出满堂支撑架搭设简图，描述满堂脚手架搭设的步骤与方法，写出质量控制要点及质量检验方案。分组对上述内容进行讨论，确定满堂脚手架搭设工作方案。

满堂支撑架搭设工作方案 表 11-2

组　号		小组成员	
搭设方案简图			
搭设步骤及方法			
质量控制及检验方法			

参考相关施工手册，讨论确定满堂脚手架搭设方案，如图 11-2、图 11-3 所示。

11.2.3　材料准备

满堂支撑架钢管采用外径 48mm、壁厚 3.5mm 的 3 号钢焊接钢管。垫板用于承受支撑架立柱传递下来的荷载，一般采用厚 8mm、边长 150～200mm 的钢板或厚度不小于 5cm，宽度不小于 20cm，面积不小于 0.1㎡的木板。扣件用于钢管杆件之间的连接，材料为可锻铸铁或玛钢，常用扣件的形式如图 6-3 所示。

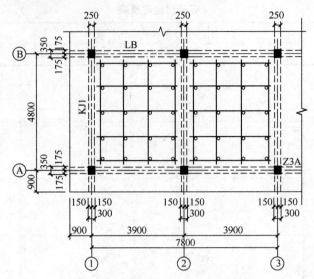

图 11-2 满堂支撑架平面布置图（mm）

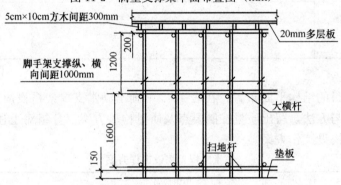

图 11-3 满堂支撑架立面布置图（mm）

各组根据所分配的实训任务，确定所需的材料和数量，并填写表 11-3。由实训指导老师检查评定以后，方可到材料库领取材料。领取的材料应严格检查，禁止使用不符合规范要求的材料。

实训所需材料表

表 11-3

名 称	规 格	长度	单位	数量	备 注
立杆	$\phi48\times3.5$mm（厚）	6m	根		
立杆	$\phi48\times3.5$mm（厚）	3m	根		
大横杆	$\phi48\times3.5$mm（厚）	6m	根		
大横杆	$\phi48\times3.5$mm（厚）	3m	根		
小横杆	$\phi48\times3.5$mm（厚）	1.5m	根		
旋转扣件	标准扣件		个		
直角扣件	标准扣件		个		
对接扣件	标准扣件		个		

11.2.4 工具及防护用品准备

各组按照施工要求编制工具及防护用品清单（表 11-4），经指导老师检查核定后，方可领取。各组领取的工具要有编号，并对领出的物品进行登记。工具运到实训现场后应做清点。领取的工具及防护用品应经过严格检查，禁止使用不符合规范要求的工具及防护用品。

实训所需工具及防护用品表　　　　　　　　　表 11-4

名称	规格	单位	数量	备　注
垫木	50mm×120mm×200mm	个		
手动扳手	套筒开口扳手（力矩 25kN）	把	每组 2 把	
安全帽	《安全帽》GB 2811-2007	顶	每人 1 顶	
手套	《针织民用手套》FZ/T 73047-2013	双	每人 1 双	

11.2.5　注意事项

施工安全管理应严格按照《建筑施工扣件式钢管脚手架安全技术规范》JGJ 130—2011 的要求执行。

（1）扣件式钢管脚手架安装与拆除人员必须是经考核合格的专业架子工。架子工应持证上岗。

（2）搭拆脚手架人员必须戴安全帽，系安全带，穿防滑鞋。

（3）脚手架的构配件质量与搭设质量，应按规范规定进行检查验收，并应在确认合格后使用。

（4）钢管上严禁打孔。

（5）作业层上的施工荷载应符合设计要求，不得超载。不得将模板支架、缆风绳、泵送混凝土和砂浆的输送管等固定在架体上，严禁悬挂起重设备，严禁拆除或移动架体上的安全防护设施。

（6）满堂支撑架在使用过程中，应设有专人监护施工，当出现异常情况时，应停止施工，并应迅速撤离作业面上人员。应在采取确保安全的措施后，查明原因、做出判断和处理。

（7）满堂支撑架顶部的实际荷载不得超过设计规定。

（8）当有六级及以上强风、浓雾、雨或雪天气时应停止脚手架搭设与拆除作业。雨、雪后上架作业应有防滑措施，并应扫除积雪。

（9）夜间不宜进行脚手架搭设与拆除作业。

（10）脚手架的安全检查与维护，应按规范规定进行。

（11）在脚手架使用期间，严禁拆除下列杆件：主节点处的纵、横向水平杆，纵、横向扫地杆。

（12）满堂支撑架在安装过程中，应采取防倾覆的临时固定措施。

（13）脚手架上进行电、气焊作业时，应有防火措施和专人看守。

（14）工地临时用电线路的架设及脚手架接地、避雷措施等，应按现行行业标准《施工现场临时用电安全技术规范》JGJ46 的有关规定执行。

（15）搭拆脚手架时，地面应设围栏和警戒标志，并应派专人看守，严禁非操作人员入内。

11.3　实训操作

11.3.1　满堂支撑架搭设工艺流程

测量放线→放垫板→竖立杆并安装扫地杆→搭设纵、横向水平杆→搭设纵、横向中部

水平杆→搭设封顶杆并按要求调整至设计标高

11.3.2 满堂支撑架搭设的基本要求

横平竖直，整齐清晰，图形一致，连接牢固，受荷安全，不变形，不摇晃。

11.3.3 满堂支撑架搭设要求

按照《建筑施工扣件式钢管脚手架安全技术规范》JGJ 130—2011 的规定执行。

（1）满堂支撑架步距与立杆间距不宜超过规定的上限值，立杆伸出顶层水平杆中心线至支撑点的长度不应超过 0.5m，满堂支撑架搭设高度不宜超过 30m。

（2）满堂支撑架立杆、水平杆的构造要求应符合规范规定。

（3）满堂支撑架应根据架体的类型设置剪刀撑，并应符合下列规定：

1）在架体外侧周边及内部纵、横向每 5～8m 应由底至顶设置连续竖向剪刀撑，剪刀撑宽度应为 5～8m。

2）在竖向剪刀撑顶部交点平面应设置连续水平剪刀撑。对于支撑高度超过 8m 或施工总荷载大于 15kN/m²，或集中线荷载大于 20kN/m 的支撑架，扫地杆的设置层应设置水平剪刀撑。水平剪刀撑至架体底平面距离与水平剪刀撑间距不宜超过 8m。

（4）每搭完一步脚手架后，应按规范规定校正步距、纵距、横距及立杆的垂直度。

（5）底座、垫板均应准确地放在定位线上，垫板宜采用长度不少于 2 跨，厚度不小于 50mm，宽度不小于 200mm 的木垫板。

（6）立杆搭设应符合下列规定：相邻立杆的对接连接应符合规范规定；脚手架开始搭设立杆时，应每隔 6 跨设置一根抛撑，直至连墙件安装稳定后，方可根据情况拆除。

（7）脚手架纵向水平杆的搭设应符合下列规定：脚手架纵向水平杆应随立杆按步搭设，并应采用直角扣件与立杆固定；纵向水平杆的搭设应符合规范规定。

（8）脚手架横向水平杆搭设应符合下列规定：搭设横向水平杆应符合规范构造规定。

（9）脚手架纵、横向扫地杆搭设应符合规范规定。

（10）扣件安装应符合下列规定：扣件规格必须与钢管外径相同；螺栓拧紧扭力矩不应小于 40N·m，且不应大于 65N·m；在主节点处固定横向水平杆、纵向水平杆、剪刀撑、横向斜撑等用的直角扣件、旋转扣件的中心点的相互距离不应大于 150mm；对接扣件开口应朝上或朝内，各杆件端头伸出扣件盖板边缘长度不应小于 100mm。

11.3.4 满堂脚手架的搭设程序

（1）制定施工方案

搭设满堂支撑架需要编写搭设和拆除方案。方案主要包括平面布置，材料要求，搭设、使用、拆除的步骤和要求，安全措施等内容。

（2）技术交底

搭设前由专业工程师、施工负责人、安全工程师根据搭设方案向搭设人员进行技术交底和工作危险性分析，交代需要采取的安全措施。

（3）材料进场前验收确认

钢管、扣件、垫板按照《建筑施工扣件式钢管脚手架安全技术规范》JGJ 130—2011 的要求选择。

1）脚手架钢管应采用现行国家标准《直缝电焊钢管》GB/T 13793 或《低压流体输送用焊接钢管》GB/T 3091 中规定的 Q235 普通钢管，钢管的钢材质量应符合现行国家标准《碳素结构钢》GB/T 700 中 Q235 级钢的规定；脚手架钢管宜采用 $\phi 48.3 \times 3.6mm$ 钢管。每根钢管的最大质量不应大于 25kg。

2）扣件应采用可锻铸铁或铸钢制作，其质量和性能应符合现行国家标准的规定，采用其他材料制作的扣件，应经试验证明其质量符合标准的规定后方可使用。扣件在螺栓拧紧扭力矩达到 65N·m 时，不得发生破坏。

（4）材料进场堆放要求

长短钢管分开堆放整齐；扣件要分类装在箱子里，防止雨淋；钢脚手板要整齐堆放在架子上；木脚手板也要整齐地堆放在架子上，防止雨淋；材料堆放要划分区域，不得影响交通。

（5）满堂脚手架搭设时注意事项

采取隔离措施，专人监护，闲人禁入；禁止抛扔工具、扣件、跳板、短管等材料；材料上下运输、传递要绑牢固；搭设人员也要为自己搭设操作平台，作业时站在跳板上，不许站在横杆上。

（6）搭设完成后验收

1）搭设人员自检。

2）搭设方施工负责人、技术负责人按照施工方案和规范要求进行全面检查，检查合格后报项目部技术负责人。

3）项目部施工负责人、技术负责人检查验收，填写相应的验收表，并签字确认。

（7）材料回收要求

拆除后的架设材料应及时收回堆放整齐，不得随处摆放；做到工完料净场地清；材料分开堆放；堆放高度不能超过 1.5m。

（8）文明施工

现场文明施工代表一个公司的整体形象，现场各类建筑材料、设备应分类摆放整齐。设置标志牌，严禁占用道路和堵塞消防通道。定期安排专人对现场进行清理打扫。施工现场必须做到工完料净场地清。

11.4　成果验收

成果验收是对实训结果进行系统地检验和考查。满堂脚手架搭设完成后，应该严格按照满堂脚手架的质量检测方法和标准进行验收。部分验收内容可参见表 11-5。

满堂脚手架检查验收表

表 11-5

序号	验收内容	验收标准	验收结果
1	技术交底	1. 技术交底明确，图示清楚； 2. 有搭设说明、质量措施、安全措施	
2	地面基础	1. 地面如为不良地基已进行处理； 2. 地面应整平压实，必要时表面做硬化处理； 3. 有顺畅的排水系统	

序号	验收内容	验收标准	验收结果
3	立杆	1. 上下层立杆应在同一竖直中心线上，垂直度偏差不大于1/1000； 2. 上下层立杆接头宜采用对接扣件，相邻两接头不得在同一步距内，相隔接头水平位置的高度宜错开不少于500mm，接头至主节点不宜大于1/3距； 3. 立杆必要时设可调节高度的托板，以方便调节标高、拆卸模板； 4. 立杆与支撑模板的木方或方钢要可靠地连接； 5. 立杆间距应符合支架结构施工图设计要求； 6. 模板标高（包括预拱度、预留沉降值在内）偏差0~10mm； 7. 立杆脚应有底座或垫木，并设扫地杆	
4	水平拉杆	1. 立杆应设置不少于两道的纵、横向水平拉杆，且与立杆可靠地连接； 2. 超过4.5m以上部分每增高1.5m，相应设一道纵、横向水平拉杆，且与拉杆可靠地连接； 3. 剪力撑与地面的夹角呈45°，最大不应超过60°； 4. 剪刀撑应自地面一直到扣件的顶部，高支模剪力撑应纵横设置，且不少于两道，其间距不得超过6.5m。立杆两侧边设置剪力撑，当结构物跨度大于等于10m时，剪力撑间距不得超过5m； 5. 剪力撑与立杆应可靠地连接	
5	材质	1. 钢管有严重锈蚀、弯曲、压扁或裂缝时不得使用； 2. 扣件应有出厂合格证明，有脆裂、变形、滑丝的不得使用	
6	作业环境	1. 模板外侧应有一定的宽度以方便作业； 2. 支架平面临边位置应有防护措施，确保施工人员的作业安全	

11.5 总结评价

11.5.1 实训总结

按照表11-6，对实训过程中出现的问题、原因以及解决方法进行分析，并与实训小组的同学讨论，将思考和讨论结果填入表中。

实训总结表   表 11-6

组 号		小组成员	
实训中的问题：			
问题的原因：			
问题解决方案：			
小组讨论结果：			

11.5.2 实训成绩评定

参照表 11-7，进行实训成绩评定。

实训成绩评定表 表 11-7

评定方式	评定内容	分值	得分
自评	识读平面图	10	
	搭设方案制定与实施	10	
	进度	10	
	成果质量	10	
小组评定	成果质量	10	
教师评定	考勤	10	
	进度	10	
	搭设方案制定与实施	20	
	规范掌握	10	
总分		100	

11.5.3 知识扩充与能力拓展：满堂支撑架的分析

（1）满堂支撑架在施工荷载作用下的设计规定及计算方法

脚手架的承载能力应按概率极限状态设计法的要求，采用分项系数设计表达式进行设计。可只进行下列设计计算：

1）纵、横向水平杆等受弯构件的承载力和连接扣件抗滑承载力计算。

2）立杆的稳定性计算。

3）连墙件的承载力、稳定性和连接强度的计算。

（2）加强型支撑架相关知识

满堂支撑架分普通型和加强型，在施工时应按设计要求选择。本任务中同学们已熟悉了普通型支撑架的知识，可以此为基础，学习加强型支撑架的知识。

（3）满堂碗扣式钢管支撑架设计及搭设相关知识

满堂碗扣式钢管支撑架在建设工程中已被广泛使用，其工作机制、构造及安装要求与扣件式钢管满堂支撑架相似。

思 考 题

（1）满堂支撑架与满堂脚手架在构成和传递荷载方面有何区别？

（2）满堂支撑架搭设有哪些要求？

（3）满堂脚手架搭设好以后如何验收？

任务 12　楼盖梁板模板下料

　　楼盖梁板施工是房屋施工的重要部分。在多高层建筑中，楼盖结构的设计和施工质量对房屋的整体性和抗震水平有直接影响。因此，现浇楼盖在多高层房屋建筑中应用十分广泛。楼盖梁板模板工程量大，梁板模板合理下料计算，对节约工程造价意义重大。本工程为肋梁式楼盖结构，采用木制梁板模板，梁板模板主要由侧板、底板、夹木、托木、梁箍、支撑等组成。图 12-1 为楼盖梁板模板翻样下料的照片。

图 12-1　楼盖梁板模板翻样下料

12.1　实训任务及目标

12.1.1　实训任务

　　先根据图纸完成模板的翻样、下料清单，参照施工图纸和技术要求制作梁板模板。

12.1.2　实训目标

　　了解梁板模板的作用、组成及分类，掌握梁板模板制作的工艺流程，掌握梁板模板的施工技术要求；学会楼盖梁板模板下料，能制作梁板模板；培养收集查阅资料的能力和施工组织设计能力，增强安全防护意识；培养团队协作精神和严谨的工作态度。

12.2　实训准备

12.2.1　知识准备

　　识读施工图纸，查阅教材及相关资料，回答表 12-1 中的问题，并填入参考资料名称和学习中所遇到的其他问题。根据实训分组，针对表中的问题分组进行讨论。

问题讨论记录表 表 12-1

组　号		小组成员	
问　题	问题解答		参考资料
1. 梁模板体系有哪些部件组成？			
2. 如何控制柱模板的垂直度？			
3. 柱、梁模板如何连接？			
4. 其他问题			

12.2.2　工艺准备

在梁模底板下每隔一定间距用顶撑支设。梁侧模下口必须有下檩条，将梁侧板与底板夹紧，并钉牢在支柱顶撑上，以保证混凝土浇筑过程中侧模下口不爆模。若有次梁，其模板还应根据支设楼板模板搁栅标高，在两侧板外面钉上檩条。

支承梁模的顶撑（又称琵琶撑、支柱），其立柱一般为 100mm×100mm 的方木或直径为 120mm 的原木。顶撑上横梁用截面为 50mm×50mm～100mm×100mm 的方木，长度根据梁高决定，斜撑用截面为 50mm×75mm 的方木。当然也可用钢制顶撑。为了确保梁模支设的稳定，当顶撑立柱下为土壤地面时应平整夯实，垫厚度不小于 40mm、宽度不小于 200mm 的通长垫板，并用木楔调整标高。顶撑的间距要根据梁的截面大小而定，一般为 800～1200mm。

梁支模时应遵守边模包底模的原则。梁模与柱模连接处，应考虑梁模板吸湿后长向膨胀的影响，下料尺寸一般略为缩短，使木模在混凝土浇筑后不致嵌入柱内。

根据梁板模板下料单，在表 12-2 中画出楼盖结构平面图、各框架梁的剖面图，描述模板下料的步骤与方法，写出质量控制要点及质量检验方法。分组对上述内容开展讨论，确定楼盖梁板模板下料工作方案。

楼盖梁板模板下料工作方案 表 12-2

组　号		小组成员	
楼盖平面图、梁剖面图			
模板下料的步骤及方法			
质量控制及检验方法			

本实训项目选用木模，用 15mm 厚胶合板加 40mm×60mm 木档组合而成，支模材料采用 40mm×100mm 方木档，做成琵琶撑。

12.2.3 材料准备

各组根据所分配的实训任务，确定所需的材料和数量，并填写表 12-3。由实训指导老师检查评定以后，方可以到材料库领取材料。领取的材料应严格检查，禁止使用不符合规范要求的材料。

实训所需材料表   表 12-3

名称	规　格	单位	数量	备　注
胶合板	915mm×1830mm	块	28	由板条和拼条组成
钢钉	4 英寸	kg	6	
	2 英寸	kg	2	

12.2.4 工具及防护用品准备

各组按照施工要求编制工具及防护用品清单，参见表 12-4。经指导老师检查核定后，方可领取工具，各组领出的工具要有编号，并对领出的物品进行登记。工具运到实训现场后应做清点。领取的工具及防护用品应经过严格检查，禁止使用不符合规范要求的工具及防护用品。

实训所需工具及防护用品表   表 12-4

名称	规　格	单位	数量	备　注
榔头	木柄羊角锤	把	2	起钉锤
墨斗	普通手动墨斗	个	1	
手推车	通用型	辆	1	
卷尺	5m	个	2	
切割机	手提式	台	1	
锯子	板锯	把	1	
安全帽	《安全帽》GB 2811—2007	顶	每人 1 顶	
手套	《针织民用手套》FZ/T 73047—2013	双	每人 1 双	

12.2.5 注意事项

（1）每组设专人管理工具，禁止在施工现场打闹、吸烟。

（2）进入施工现场务必穿好工作服，戴好安全帽。

（3）禁止碰触电源，除负责人外不允许靠近模板切割机。

（4）使用榔头钉钢钉时应注意安全。

（5）工具、废料不能随意摆放，以防绊倒。

（6）钉错的钉子，应及时拔除或敲平，防止钉子扎脚。

12.3 实训操作

12.3.1 梁模板翻样

图 1-4 的②轴框架梁 KL1 的模板安装示意图如图 12-2 所示。根据图 1-4 的框架梁平面布置，计算模板下料尺寸。

KL1 梁底模板：$250 \times (4800-350)=250mm \times 4450mm$，共 3 块；

KL2 梁底模板：$250 \times (3900-300)=250mm \times 3600mm$，共 4 块；

KL1 梁内侧模板：$(450-100-15+15) \times (4800-350-15-15)=350mm \times 4420mm$，共 4 块；

KL2 梁内侧模板：$(400-100-15+15) \times (3900-300-15-15)=300mm \times 3570mm$，共 4 块；

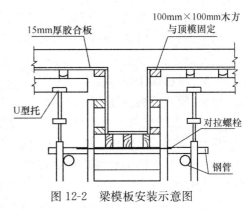

图 12-2　梁模板安装示意图

KL1 梁外侧模板：$(450+15) \times (4800-350-15-15)=465mm \times 4420mm$，共 2 块；

KL2 梁外侧模板：$(400+15) \times (3900-300)=415mm \times 3600mm$，共 4 块；

木方楞：$(4.8 \times 3+7.8 \times 2) \times 6=180m$。

绘制梁模板展开图，如图 12-3 所示。

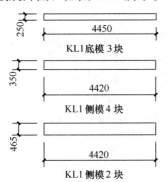
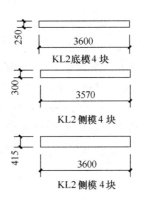

图 12-3　梁模板翻样图（mm）

12.3.2　楼盖板底模板翻样

根据框架施工图绘制楼板底模排板图，楼板底模采用 $915mm \times 1830mm$ 胶合板，配料如图 12-4 所示。

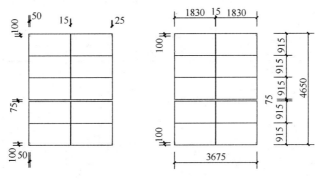

图 12-4　楼板底模排板图（mm）

板模板下料计算：

板下木楞：　$(3900-250-120)=3530m$　　　　　　　　　　　42 根

底板：　　　$4500mm \times 3600mm \times 2$ 件　　　　　　　　　　20 块

根据以上计算结果，模板材料可汇总为：

1）胶合板：1500mm×900mm×18mm　　　　　　　　　　54 块

2）方木：　80mm×40mm×4000mm　　　　164 根　　为 2.1m³

12.3.3　模板施工技术要求

（1）模板下料的技术要求

1）根据图纸所提供的数据进行模板选材取料。可根据梁板结构施工图直接列出模板规格和数量，确定模板、横档及楞木的断面和间距，进行支撑系统的配制。在取料时，注意板材的平整度和板材外边的直线度，取料板材的平整度公差为±1.5mm，外边线的直线度公差为±1mm。

2）选好板材进行拼板时，应画线取图纸展开尺寸。木模板应将拼缝处刨平刨直，模板的木档也要刨直，以使模板拼接缝严密，不易漏浆。使用钉子长度一般为木模板厚度的1.5～2 倍。

（2）模板制作组装技术要求

1）面板的拼装，应采取整体长度摆放拼接制作，制作时按照数据进行有序拼接，在拼接过程中采用榔头和钉子将模板进行连接。

2）按照混凝土构件的形状和尺寸，用 15mm 厚胶合板做梁底模、侧模，小方木40mm×60mm 做木档组成拼合式模板。木档的间距取决于混凝土对模板的侧压大小，拼好的模板不宜过大、过重，多以两人能抬动为宜。40mm×100mm 木档作为钢管架支撑及现浇板主龙骨骨架，采用 15mm 胶合板定型板铺设现浇楼板底模。

3）配制好的模板必须要刷模板隔离剂，不同部位的模板按规格、型号、尺寸在反面写明使用部位，并分类编号，分别堆放保管。

12.4　成果验收

成果验收是对实训结果进行系统地检验和考查。梁板模板制作完成后，应该严格按照梁板模板制作的质量检测方法和标准进行验收。部分验收内容可参见表 12-5。

检查验收表　　　　　　　　　　　　　表 12-5

项　目	允许偏差（mm）	检验频率		检查结果/实测点偏差值或实测值									
		范围	点数	1	2	3	4	5	6	7	8	9	10
模板的长度和宽度	±5	每个构筑物或每个构件	4										
刨光模板相邻两板表面高低差	±1												
平板模板表面最大的局部不平（刨光模板）	±3												

12.5　总结评价

12.5.1　实训总结

参照表 12-6，对实训过程中出现的问题、原因以及解决方法进行分析，并与实训小组的同学讨论，将思考和讨论结果填入表中。

实训总结表　　　　　　　　　　　　　表 12-6

组　号		小组成员	
实训中的问题：			
问题的原因：			
问题解决方案：			
小组讨论结果：			

12.5.2　实训成绩评定

参照表 12-7，进行实训成绩评定。

实训成绩评定表　　　　　　　　　　　　　表 12-7

序号	考核内容	学生自评	小组评价	教师评价
1	出勤情况			
2	信息收集情况			
3	利用信息的能力			
4	编制计划的能力			
5	实训操作的能力			
6	小组内协调工作的能力			
7	组织管理工作的能力			
8	填写工程技术资料的能力			
	综合评价			

12.5.3　知识扩充与能力拓展：模板设计的基本原理和方法

（1）模板及其支架的设计应根据工程结构形式、荷载大小、地基土类别、施工设备和材料等条件进行。

（2）模板及其支架的设计应符合下列规定：

1）应具有足够的承载力、刚度和稳定性，应能可靠地承受新浇筑混凝土的自重、侧压力和施工过程中所产生的荷载及风荷载。

2）构造应简单，装拆方便，便于钢筋的绑扎、安装和混凝土的浇筑、养护等要求。

3）混凝土梁的施工应采用从跨中向两端对称进行分层浇筑，每层厚度不得大于 400mm。

4）当验算模板及其支架在自重和风荷载作用下的抗倾覆稳定性时，应符合相应材质结构设计规范的规定。

（3）模板设计应包括下列内容：

1）根据混凝土的施工工艺和季节性施工措施，确定其构造和所承受的荷载。

2）绘制配板设计图、支撑设计布置图、细部构造和异形模板大样图。

3）按模板承受荷载的最不利组合对模板进行验算。

4）制定模板安装及拆除的程序和方法。

5）编制模板及配件的规格、数量汇总表和周转使用计划。

6）编制模板施工安全、防火技术措施及设计、施工说明书。

（4）模板中的钢构件设计应符合现行国家标准《钢结构设计规范》GB 50017 和《冷弯薄壁型钢结构技术规范》GB 50018 的规定，其截面塑性发展系数应取 1.0。

（5）模板中的木构件设计应符合现行国家标准《木结构设计规范》GB 50005 的规定，其中受压立杆应满足计算要求，且其梢径不得小于 80mm。

（6）模板结构构件的长细比应符合下列规定：

1）受压构件长细比：支架立柱及桁架不应大于 150，拉条、缀条、斜撑等联系构件不应大于 200。

2）受拉构件长细比：钢杆件不应大于 350，木杆件不应大于 250。

（7）用扣件式钢管脚手架作支架立柱时，应符合下列规定：

1）连接扣件和钢管立杆底座应符合现行国家标准《钢管脚手架扣件》GB 15831 的规定。

2）承重的支架柱，其荷载应直接作用于立杆的轴线上，严禁承受偏心荷载，并应按单立杆轴心受压计算；钢管的初始弯曲率不得大于 1/1000，其壁厚应按实际检查结果计算。

3）当露天支架立柱为群柱架时，高宽比不应大于 5；当高宽比大于 5 时，必须加设抛撑或缆风绳，保证宽度方向的稳定。

思 考 题

（1）识读模板翻样图及模板排版图，并做识读解释。

（2）模板下料的技术要求有哪些？

（3）模板及支架设计应符合哪些规定？

任务 13　楼盖梁板模板安装

传统的梁板柱支模顺序，混凝土分两次浇筑成型，梁柱节点处接槎明显，经常出现梁柱节点漏浆，不顺直，缺角，跑模等缺陷，整体观感较差。在浇筑柱混凝土时，部分钢筋还会被水泥浆污染，影响与混凝土的粘结。柱上口松动石子清理困难，且柱模支设超过梁底后，常发生柱混凝土浇筑过高或过低的现象，柱混凝土偏高剔凿十分困难，柱混凝土偏低，梁柱节点支模难度增加。此外，节点区箍筋绑扎好后再穿梁底筋将会很麻烦，尤其是穿带弯钩（如在边支座）的底筋十分困难。这时钢筋工不得不敲打已绑好的节点箍筋，甚至会擅自烧断既有钢筋弯钩，造成纵筋的锚固不够。另外，浇筑柱混凝土时操作人员站在脚手板上作业，操作危险性较高。

为此，框架结构的梁板柱支模顺序可以采用以下改进的方法：①绑扎框架柱钢筋及搭设钢管脚手架→梁板模板支设→梁钢筋绑扎→现浇板钢筋绑扎及框架柱模板支设→浇筑梁板柱混凝土；②绑扎框架柱钢筋及搭设钢管脚手架→铺设梁底模板→跳间法支设梁侧及现浇顶模板支设→绑扎梁钢筋→另一侧梁侧模板及现浇板模板支设→现浇板钢筋绑扎及框架柱模板支设→浇筑梁板柱混凝土。采用这两种方法，梁板柱一体性浇筑，减少了框架柱因拆模对梁板支撑体系和模板的支设、梁钢筋绑扎的影响，加快了施工进度，增加了经济效益。混凝土浇筑均在顶板上进行作业，提高了劳动效率，同时也保证了安全文明施工，减少了混凝土掉落，梁板模板位置及标高已校正，柱模板从上至下支设，拼缝严密，现浇结构拆模后混凝土质量也得到了提高。

本工程为整体现浇混凝土结构，梁板模板采用扣件式钢管支撑，并用上述改进的支模顺序进行楼盖梁板模板的安装。图 13-1 为楼盖梁板模板安装的照片。

图 13-1　楼盖梁板模板安装

13.1 实训任务及目标

13.1.1 实训任务

根据提供的图纸，在框架柱模板安装和验收完成的基础上，按照建筑施工中梁、板模板安装的操作流程完成两跨框架结构梁、板模板的安装，并进行验收。

13.1.2 实训目标

熟悉复合模板，了解模板的作用、组成及制作模板的基本要求，掌握柱、梁、板模板的构造。掌握梁、板模板安装方法、施工工艺要求、质量检查方法和质量标准，能进行楼盖梁板模板安装。培养吃苦耐劳、团队合作、安全文明施工的意识，具备质量第一、精细操作的工作态度。

13.2 实训准备

13.2.1 知识准备

识读施工图纸，查阅教材及相关资料，回答表 13-1 中的问题，并填入参考资料名称和学习中所遇到的其他问题。根据实训分组，针对表中的问题分组进行讨论。

问题讨论记录表 表 13-1

组　号		小组成员	
问　题	问题解答		参考资料
1. 梁模板的底板和侧板分别受到哪些力的作用？			
2. 梁模板的跨中为什么要起拱？			
3. 梁模板什么时候可以拆除？为什么要分阶段拆除？			
4. 其他问题。			

13.2.2 工艺准备

根据结构施工图及梁板模板下料单，在表 13-2 中画出楼盖结构平面图、梁剖面图，描述楼盖模板安装的步骤与方法，写出质量控制要点及质量检验方法。分组对上述内容进行讨论，确定楼盖模板安装工作方案。

楼盖模板安装工作方案　　　　　　　　　　表 13-2

组　号		小组成员	
楼盖结构平面图、梁剖面图			
模板安装的步骤及方法			
质量控制及检验方法			

13.2.3　材料准备

根据结构施工图及任务 12 的下料计算，在表 13-3 中填写实训所需材料。

实训所需材料表　　　　　　　　　　表 13-3

名称	规格尺寸（mm）	单位	数量	备　注
模板	350×2950	块	6	
	420×2950	块	6	
竖木楞	(80×40)×2950	根	24	
	(160×40)×2950	根	48	
横木楞	(40×80)×650	根	48	
短钢管	3000	根	48	满堂支撑用
直角扣件	$\phi48$	个	48	满堂支撑用
钢钉	4 英寸	kg	若干	
	2 英寸	kg	若干	
胶带	5mm	卷	若干	用于封堵空隙

13.2.4　工具及防护用品准备

各组按照施工要求编制工具清单（表 13-4），经指导老师检查核定后，方可领取工具，各组领出的工具要有编号，并对领出的物品进行登记。工具等运到实训现场后应作清点。领取的工具及防护用品应经过严格检查，禁止使用不符合规范要求的工具及防护用品。

实训所需工具及防护用品　　　　　　　　　　表 13-4

器具	规　格	单位	数量	备　注
水准仪	DS_3	台	1	
经纬仪	DJ_6	台	1	
钢尺	50mm	把	2	
卷尺	5m	把	2	
吊锤	通用型	个	1	
榔头	木柄羊角锤	把	4	起钉锤

器 具	规 格	单位	数量	备 注
靠尺	50mm	把	2	
塞尺	通用型	把	2	
安全帽	《安全帽》GB 2811—2007	顶	每人 1 顶	
手套	《针织民用手套》FZ/T 73047—2013	双	每人 1 双	

13.2.5 注意事项

（1）进入工地时必须戴好安全帽并系好带子，在高空施工时注意坠落，必须系安全带。

（2）在模板安装前，对混凝土表面质量要求较高时应刷隔离剂；对混凝土表面要粉刷的可以不刷。

（3）模板安装时，工具要放平放稳，不可悬放高处，以防止下落伤人，支撑用钢管及稳固件要放好。

（4）不得随意往下乱丢杂物及工具等。

（5）不得在施工过程中嬉戏、打闹。

（6）不得穿硬底鞋等上班，不得酒后作业。

13.3 实训操作

13.3.1 吊运模板

按照施工图调运已配制好的模板，吊运至工作面。

吊运模板时，必须符合下列规定：

（1）作业前应检查绳索、卡具、模板上的吊环完整有效，在升降过程中应设专人指挥，统一信号，密切配合。

（2）吊运大块或整体模板时，竖向吊运不应少于 2 个吊点，水平吊运不应少于 4 个吊点。吊运必须使用卡环连接，应稳起稳落，待模板就位连接牢固后，方可摘除卡环。

（3）吊运散装模板时，必须码放整齐，待捆绑牢固后方可起吊。

（4）严禁起重机在架空输电线路下面工作。

（5）5 级及以上风时应停止一切吊运作业。

13.3.2 安装梁模板

（1）梁模板安装的一般流程

弹出梁轴线及水平线并进行复核→搭设梁模板支架→安装梁底楞→安装梁底模板→梁底起拱→绑扎钢筋→安装梁侧模板→安装另一侧模板→安装上下锁品楞、斜撑楞、腰楞和对拉螺栓→复核梁模尺寸、位置→与相邻模板连接牢固→办理预检

（2）梁模板安装工艺要求

1）弹出梁的轴线及水平线，并复核。

2）安装梁模板支架前，首层为土壤地面时应平整夯实，无论是首层土壤地面或是楼板地面，在专用支柱下脚要铺设通长脚手板或方木，且楼层间的上下支柱应在同一条直线上。

3）搭设梁底小横木，间距符合模板设计要求。

　　4）拉线安装梁底模板，控制好梁底的起拱高度使之符合模板设计要求。梁底模板经过验收无误后，用钢管扣件将其固定。

　　5）在底模上绑扎钢筋，经验收合格后，清除杂物，安装梁侧模板，将两侧模板与底模用脚手管和扣件固定。梁侧模板上口要拉线找直，用梁内支撑固定。

　　6）复核梁模板的截面尺寸，与相邻梁柱模板连接固定。

　　7）安装后校正梁中线标高、断面尺寸。将梁模板内杂物清理干净，检查合格后办预检。

13.3.3　安装楼板模板

　　（1）板模板安装的一般流程

　　搭设支架→安装横、纵大小龙骨→调整板下皮标高及起拱→铺设顶板模板→检查模板上皮标高、平整度→办理预检

　　（2）板模板安装工艺要求

　　1）支架搭设前楼地面及支柱托脚的处理与梁模板工艺要点中的有关内容相同。

　　2）脚手架按照模板设计要求搭设完毕后，根据给定的水平线调整上支托的标高及起拱的高度。

　　3）按照模板设计的要求支搭板下的大小龙骨，其间距不大于 200mm。

　　4）必须保证模板拼缝的严密。

　　5）模板铺设完毕后，用靠尺、塞尺和水平仪检查平整度与楼板标高，并进行校正。

　　6）将模板内杂物清理干净，检查合格后办理预检。

13.4　成果验收

　　模板安装质量要求必须符合《混凝土结构工程施工质量验收规范》GB 50204 及相关规范的要求。模板及其支架应具有足够的承载能力、刚度和稳定性，能可靠地承受浇筑混凝土的重量、侧压力以及施工荷载。模板安装应满足下列要求：

　　（1）模板的接缝不应漏浆；在浇筑混凝土前，木模板应浇水湿润，但模板内不应有积水；模板与混凝土的接触面应清理干净并涂刷隔离剂；浇筑混凝土前，模板内的杂物应清理干净。采用观察的检验方法，全数检查。

　　（2）对跨度不小于 4m 的现浇钢筋混凝土梁、板，其模板应按要求起拱。

　　检查数量：按规范要求的检验批（在同一检验批内，对梁，应抽查构件数量的 10%，且不应少于 3 件；对板，应按有代表性的自然间抽查 10%，且不得小于 3 间）。检验方法：水准仪或拉线、钢尺检查。

　　（3）固定在模板上的预埋件、预留孔洞均不得遗漏，且应安装牢固，其偏差应符合表 13-5 的规定。

　　（4）模板垂直度控制。

　　1）严格控制模板垂直度，在模板安装就位前，必须对每一块模板线进行复测，无误后，方可进行模板安装。

　　2）模板拼装配合，质检员逐一检查模板垂直度，确保垂直度不超过 3mm，平整度不超过 2mm。

3）模板就位前，检查顶模位置、间距是否满足要求。

（5）楼板模板标高控制。

（6）模板的变形控制。

（7）模板的拼缝、接头密实，模板拼缝、接头不密实时，用塑料密封条堵塞。

（8）跨度小于 4m 不起拱，4～6m 的板起拱 10mm；跨度大于 6m 的板起拱 15mm。

（9）协调配合。合模前与钢筋、水、电安装等工种协调配合，合模通知书发放后方可合模。

模板安装质量检查验收表见表 13-5。

现浇结构模板安装成果验收表　　　　　　　　　　表 13-5

项次	项　　目		允许偏差（mm）	检查方法	检查记录
1	轴线位移	柱、墙、梁	5	钢尺检查	
2	底模上表面标高		±5	水准仪或拉线、钢尺检查	
3	截面模内尺寸	基础	±10	钢尺检查	
		柱、墙、梁	+4，−5		
4	层高垂直度	层高不大于 5m	6	经纬仪或吊线、钢尺检查	
		层高大于 5m	8		
5	相邻两板表面高低差		2	钢尺检查	
6	表面平整度		5	靠尺和塞尺检查	

13.5　总结评价

13.5.1　实训总结

参照表 13-6，对实训过程中出现的问题、原因以及解决方法进行分析，并与实训小组的同学讨论，将思考和讨论结果填入表中。

实训总结表　　　　　　　　　　表 13-6

组　　号		小组成员	
实训中的问题：			
问题的原因：			
问题解决方案：			
小组讨论结果：			

13.5.2　实训成绩评定

参照表 13-7，进行实训成绩评定。

实训成绩评定表　　　　　　　　　　　　　　　　　表 13-7

项目内容	要　求	分值	评　定		
			自评分	小组评分	教师评分
技术交底记录	内容填写完整	30			
质量检测记录	项目填写完整，填法正确	20			
需要改进的问题	能够找准施工中的问题	10			
写出总结报告	态度认真，总结全面	40			
总分		100			

13.5.3　知识扩充与能力拓展：模板拆除的施工工艺

（1）模板拆除的一般要点

1）侧模拆除：在混凝土强度能保证其表面及棱角不因拆除模板受损后，方可拆除。

2）底模及冬期施工模板的拆除，必须执行《混凝土结构工程施工质量验收规范》GB 50204 及《建筑工程冬期施工规程》JGJ/T 104 的有关条款。作业班组提交拆模申请，经技术部门批准后方可拆除。

3）已拆除模板及支架的结构，在混凝土达到设计强度等级后方允许承受全部使用荷载；当施工荷载所产生的效应比使用荷载的效应更不利时，必须经核算，加设临时支撑。

4）拆除模板的顺序和方法，应按照配板设计的规定进行。当设计没有要求时，应遵循先支后拆，后支先拆；先拆不承重的模板，后拆承重部分的模板；自上而下，支架先拆侧向支撑，后拆竖向支撑等原则。

5）模板工程作业组织，支模与拆模应由一个作业班组执行作业。其好处是：支模时考虑拆模的方便与安全，拆模时人员熟知，依照拆模关键点位，对拆模进度、安全，保护模板及配件都有利。

（2）柱模板拆除

1）工艺流程

拆除拉杆或斜撑→自上而下拆除柱箍→拆除部分竖肋→拆除模板及配件运输维护

2）柱模板拆除时，要从上口向外侧轻击和轻撬，使模板松动，要适当加设临时支撑，以防柱子模板倾倒伤人。

（3）梁板模板拆除

1）工艺流程

拆除支架部分水平拉杆和剪刀撑→拆除侧模板→下调楼板支柱使模板下降→分段分片拆除楼板模板→拆除木龙骨及支柱→拆除梁底模板及支撑系统

2）拆除工艺施工要点

拆除支架部分水平拉杆和剪刀撑，以便作业。然后拆除梁侧模板上的水平钢管及斜支撑，轻撬梁侧模板，使之与混凝土表面脱离。

下调支柱顶托螺杆后，轻撬模板下的龙骨，使龙骨与模板分离，或用木锤轻击，拆下第一块，然后逐块逐段拆除，切不可用钢棍或铁锤猛击乱撬。每块模板拆下时，人工托扶放于地上，或将支柱顶托螺杆下调相当高度，以托住拆下的模板。严禁将模板自由坠落地面。

拆除梁底模板的方法大致与楼板模板相同。但拆除跨度较大的梁底模板时，应从跨中开始下调支柱顶托螺杆，然后向两端逐根下凋，拆除梁底模支柱时，也从跨中向两端作业。

思 考 题

（1）梁模板安装的一般流程及工艺要求有哪些？

（2）板模板安装的一般流程及工艺要求有哪些？

（3）模板安装应满足哪些要求？

任务 14　梁钢筋骨架安装

本实训任务的重点是进行框架梁柱节点钢筋的绑扎工作。在梁、板模板安装完成后，则要进行梁钢筋骨架安装。框架结构梁柱节点主要承受柱传来的轴向力、弯矩、剪力和梁传来的弯矩、剪力，节点区的破坏形式为由主拉应力引起的剪切破坏。在抗震设计中特别强调要求"强剪弱弯、强节点、强锚固"，框架梁柱节点钢筋的施工质量直接影响建筑的抗震设计要求和结构安全。图 14-1 为梁钢筋骨架安装的照片。

图 14-1　梁钢筋骨架安装

14.1　实训任务及目标

14.1.1　实训任务

之前已完成梁钢筋的加工与制作，本实训任务拟根据钢筋下料清单，按照施工图纸要求，遵循现行国家标准《混凝土结构工程施工质量验收规范》GB 50204 等相关规范要求，进行梁钢筋骨架的绑扎安装。

14.1.2　实训目标

掌握框架梁钢筋连接位置、接头数量、接头百分率规定。能正确查阅有关技术手册和操作规定，并能应用于实训项目。掌握钢筋工安全文明生产要点。掌握框架节点钢筋构造要求和绑扎安装要点。能运用不同手法的钢筋绑扎技巧绑扎钢筋骨架，绑扣应符合要求。了解钢筋工程质量通病，能分析其原因并提出相应的防治措施和解决办法。熟悉框架结构钢筋工程检查验收内容，能按照相关标准进行自检和互检。培养吃苦耐劳、团队合作的精神，具备安全文明施工的工作习惯和精细操作的工作态度。

14.2 实训准备

14.2.1 知识准备

识读施工图纸，查阅教材及相关资料，回答表 14-1 中的问题，并填入参考资料名称和学习中所遇到的其他问题。根据实训分组，针对表中的问题分组进行讨论。

问题讨论记录表 表 14-1

组　号		小组成员	
问　题	问题解答		参考资料
1. 框架梁内钢筋按受力分为哪几类？			
2. 梁纵向钢筋锚固有什么构造要求？			
3. 梁端第一个箍筋的位置有什么规定？			
4. 为什么梁端箍筋要加密？			
5. 其他问题。			

14.2.2 工艺准备

根据施工图纸，在表 14-2 中画出框架梁的截面配筋草图、梁纵向立面配筋草图，描述梁钢筋绑扎安装的步骤与方法，写出钢筋绑扎安装质量控制要点及质量检验方法。分组对上述内容进行讨论，确定框架梁钢筋骨架绑扎安装工作方案。

框架梁钢筋骨架绑扎安装工作方案 表 14-2

组　号		小组成员	
梁截面配筋图、配筋立面图			
操作步骤及方法			
质量控制及检验方法			

14.2.3　材料准备

各组根据所分配的实训任务，确定所需的材料和数量，并填写表 14-3。由实训指导老师检查评定以后，方可以到材料库领取材料。领取的材料应严格检查，禁止使用不符合规范要求的材料。

实训所需材料表　　　　　　　　　　　　　　表 14-3

名称	规　格	单位	数量	备　注
铁丝	20～22 号	袋	2	事先切好
垫块	50mm×50mm×25mm	块	50	预制混凝土垫块
钢筋	根据下料单提供	根		提前加工好

14.2.4　工具及防护用品准备

各组按照施工要求编制工具清单（表 14-4），经指导老师检查核定后，方可领取工具，各组领出的工具要有编号，并对领出的物品进行登记。工具等运到实训现场后应做清点。领取的工具及防护用品应经过严格检查，禁止使用不符合规范要求的工具及防护用品。

实训所需工具及防护用品　　　　　　　　　　表 14-4

名称	规　格	单位	数量	备　注
扎钩		把	每人 1 把	
卷尺	5m	把	2	
记号笔	黑色	支	2	
手套	《针织民用手套》FZ/T 73047—2013	双	每人 1 双	
工作服	按实际尺寸	套	每人 1 套	
安全帽	《安全帽》GB 2811—2007	顶	每人 1 顶	

14.2.5　注意事项

（1）钢筋安装前，首先核对梁钢筋的钢号、直径、形状、尺寸和数量是否与料单、图纸相符。

（2）梁钢筋的绑扎应确保主筋、箍筋的绑扎根数及间距，不得漏筋。

（3）梁主筋应按规范要求进行错位焊接，焊接接长应大于 $10d$（d 为梁主筋直径），焊接位置应符合规范要求。

（4）在梁侧模板上画出箍筋间距，摆放箍筋。

（5）先穿主梁的下部纵向受力钢筋及弯起钢筋，将箍筋按已画好的间距逐个分开；穿次梁的下部纵向受力钢筋及弯起钢筋，并套好箍筋；放主次梁的架立筋；隔一定间距将架立筋与箍筋绑扎牢固；调整箍筋间距使间距符合设计要求，绑架立筋，再绑主筋，主次同时配合进行。次梁上部纵向钢筋应放在主梁上部纵向钢筋之上，为了保证次梁钢筋的保护层厚度和板筋位置，可将主梁上部钢筋降低一个次梁上部主筋直径的距离。

（6）框架梁上部纵向钢筋应贯穿中间节点，梁下部纵向钢筋伸入中间节点锚固长度及伸过中心线的长度要符合设计要求。框架梁纵向钢筋在端节点内的锚固长度也要符合设计要求，一般应大于 $45d$（d 为纵向钢筋直径）。绑梁上部纵向筋的箍筋，宜用套扣法绑扎。

（7）箍筋在叠合处的弯钩，在梁中应交错布置，箍筋弯钩采用 135°，平直部分长度为 $10d$（d 为箍筋直径）。

（8）梁端第一个箍筋应设置在距离柱节点边缘 50mm 处。梁与柱交接处箍筋应加密，其间距与加密区长度均要符合设计要求。梁柱节点处，由于梁筋穿在柱筋内侧，导致梁筋保护层加大，应采用渐变箍筋，渐变长度一般为 600mm，以保证箍筋与梁筋紧密绑扎到位。

（9）在主、次梁受力筋下均应垫垫块（或塑料卡），保证保护层的厚度。受力筋为双排时，可用短钢筋垫在两层钢筋之间，钢筋排距应符合设计及规范要求。

（10）梁筋的搭接：梁的受力钢筋直径大于或等于 22mm 时，宜采用焊接接头或机械连接接头，小于 22mm 时，可采用绑扎接头，搭接长度要符合规范的规定。搭接长度末端与钢筋弯折处的距离，不得小于钢筋直径的 10 倍。接头不宜位于构件最大弯矩处，受拉区域内 HPB235 级钢筋绑扎接头的末端应做弯钩（变形钢筋没有特别要求时可不做弯钩），搭接处应在中心和两端扎牢。接头位置应相互错开，当采用绑扎搭接接头时，在规定搭接长度的任一区段内，有接头的受力钢筋截面面积占受力钢筋总截面面积百分率，受拉区不大于 50%。

14.3　实训操作

（1）梁钢筋安装工艺流程如下：

柱底孔立插筋（柱底面相当于基础顶面，按面积百分率 50% 连接）→套柱箍筋→立柱筋→绑柱筋接头（搭接长度应符合要求，角部钢筋的弯钩应与模板呈 45°角，中间钢筋的弯钩应与模板呈 90°角，接头中间与上下两端需绑牢，再加扣）→画出箍筋间距线（粉笔在两根对角主筋上画点，梁高及上下范围按设计要求加密）→柱箍筋绑扎（由上往下，与主筋垂直，转角与主筋交点扎牢，非转角与主筋交点呈梅花交错绑扎，弯钩叠合沿柱子竖筋交错绑扎，若有拉筋要钩住箍筋）→放置梁上部纵筋（有接头先搭接绑扎）→画出梁箍筋位置线（上部纵筋上按设计要求画，距柱边缘 50mm）→套梁箍筋→穿梁下部纵筋（下部钢筋双排时，中间应垫直径大于等于 25mm 的短钢筋）→（有接头时在正确的位置绑扎搭接）→绑扎梁箍筋→绑扎垫块或塑料卡（绑于梁纵筋、柱竖筋外皮，间距1000mm）。

（2）梁弯钩叠合沿纵筋交错绑扎如图 14-2 所示。

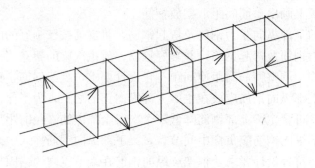

图 14-2　梁箍筋接头交错布置示意图

（3）梁柱节点钢筋布置示意图如图 14-3 所示。

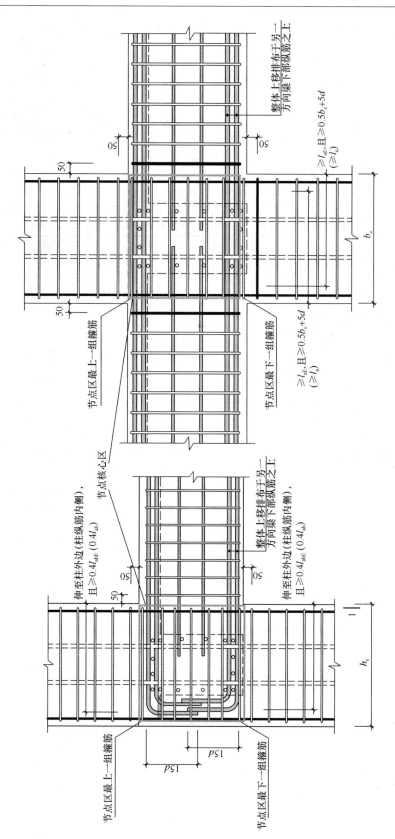

图 14-3　梁柱接头交错布置示意图

14.4　成果验收

成果验收是对实训结果进行系统地检验和考查。梁钢筋骨架安装完成后，应该严格按照梁柱钢筋安装的质量检测方法和标准进行验收，具体验收内容可参考表14-5。

成果验收表

表 14-5

姓名			班级		指导教师	
序号		检验内容		要求及允许偏差	检测方法	验收记录
1		工作程序		正确的安装程序	巡视	
2		钢筋骨架长度允许偏差		±10mm	钢尺检查	
3		钢筋骨架宽、高允许偏差		±5mm	钢尺检查	
4	受	间距		±10mm	钢尺检查	
5	力	排距		±5mm	钢尺检查	
6	钢	保护层厚度		±5mm	钢尺检查	
7	筋	垫块间距1000mm		不遗漏	检查	
8		画线位置		正确	检查	
9	绑	间距允许偏差		±20mm	钢尺检查	
10	扎	间距加密			检查	
11	箍	弯钩叠合处与竖筋错开绑扎		正确	检查	
12	筋	转角与竖筋绑牢		正确	检查	
13		非转角与竖筋梅花点绑牢		正确	检查	

14.5　总结评价

14.5.1　实训总结

参照表14-6，对实训过程中出现的问题、原因以及解决方法进行分析，并与实训小组的同学讨论，将思考和讨论结果填入表中。

实训总结表

表 14-6

组　号		小组成员	
实训中的问题：			
分析问题的原因：			
解决问题的方案：			
小组讨论结果：			

14.5.2　实训成绩评定

参照表 14-7，进行实训成绩评定。

实训成绩评定表　　　　　　　　　　　　　　　　　　　　表 14-7

小组	选料单（20 分）	安装成果（30 分）	小组出勤（20 分）	团队综合（20 分）	上交成果（10 分）	总分（100 分）

14.5.3　知识扩充与能力拓展：梁与板钢筋安装注意事项

（1）纵向受力钢筋出现双层或多层排列时，两排钢筋之间应垫以直径 25mm 的短钢筋，如纵向钢筋直径大于 25mm 时，短钢筋直径规格与纵向钢筋相同。

（2）箍筋的接头应交错设置，并与两根架立筋绑扎，悬臂梁的箍筋接头在下，其余做法与柱相同。梁主筋外角处与箍筋应满扎，其余可梅花点绑扎。

（3）板的钢筋网绑扎与基础相同，但应注意板上部的负钢筋（面加筋）要防止被踩下，要严格控制负筋位置，在板根部与端部必须加设板凳铁，确保负筋的有效高度。

（4）板与梁交叉处，板的钢筋在上，次梁的钢筋在中层，主梁的钢筋在下，当有圈梁或垫梁时，主梁钢筋在上应符合设计及规范要求。

（5）框架梁节点处钢筋穿插非常密时，应注意梁顶面主筋间的净间距至少要大于等于 30mm，以利于混凝土浇筑。

思　考　题

（1）钢筋骨架安装有哪些注意事项？

（2）叙述安装梁钢筋的工艺流程。

任务 15　楼 板 钢 筋 安 装

本实训任务为楼板钢筋安装，重点进行板的钢筋绑扎、安装，同时要仔细理解梁板节点的绑扎安装，通过规范操作实训，提高工程项目的质量，保证实训安全。图 15-1 为楼板钢筋安装的照片。

图 15-1　楼板钢筋安装

15.1　实训任务及目标

15.1.1　实训任务

根据实训图纸，参照《混凝土结构工程施工质量验收规范》GB 50204 等相关规范进行楼板钢筋的安装。

15.1.2　实训目标

掌握框架楼板钢筋连接位置、接头数量、接头百分率的规定。掌握框架楼板钢筋构造要求和绑扎安装要点。能正确查阅有关技术手册和操作规定，安全文明地组织钢筋工程施工。了解钢筋工程质量通病，能分析其原因并提出相应的防治措施和解决办法。熟悉框架结构钢筋工程检查验收内容，能按照相关标准进行自检和互检。培养吃苦耐劳、团队合作的精神，具备安全文明施工的工作习惯和精细操作的工作态度。

15.2　实训准备

15.2.1　知识准备

识读施工图纸，查阅教材及相关资料，回答表 15-1 中的问题，并填入参考资料名称

和学习中所遇到的其他问题。根据实训分组，针对表中的问题分组进行讨论。

问题讨论记录表 表 15-1

组　号		小组成员	
问　题	问题解答		参考资料
1. 什么是单向板？什么是双向板？			
2. 板中钢筋按受力状况分为哪几种？板中构造钢筋的作用是什么？			
3. 板中受力钢筋与构造钢筋哪个在上面？哪个在下面？			
4. 其他问题。			

15.2.2　工艺准备

　　根据实训施工图纸，在表 15-2 中画出楼板平面布筋草图、截面配筋草图，描述楼板钢筋绑扎安装的步骤与方法，写出钢筋绑扎安装质量控制要点及质量检验方法。分组对上述内容进行讨论，确定楼板钢筋绑扎安装工作方案。

楼板钢筋绑扎安装工作方案 表 15-2

组　号		小组成员	
楼板平面布筋图、截面配筋图			
操作步骤及方法			
质量控制及检验方法			

15.2.3　材料准备

　　各组根据所分配的实训任务，确定所需的材料和数量，并填写表 15-3。由实训指导老师检查结果并评定以后，方可以到材料库领取材料。领取的材料应严格检查，禁止使用不符合规范要求的材料。

实训所需材料表

表 15-3

名　称	规　格	单位	数量	备　注
铁丝	20～22 号	kg	2	提前切好
垫块	50mm×50mm×15mm	个	50	
钢筋	根据下料单确定	根		提前加工好

15.2.4　工具及防护用品准备

各组按照施工要求编制工具清单，参见表 15-4。经指导老师检查核定后，方可领取工具，各组领出的工具要有编号，并对领出的物品进行登记。工具等运到实训现场后应做清点。领取的工具及防护用品应经过严格检查，禁止使用不符合规范要求的工具及防护用品。

实训所需工具及防护用品

表 15-4

名　称	规　格	单位	数量	备　注
扎钩		把	每人 1 把	
撬棍		根	1	
扳子		只	1	
绑扎架		个	10	
钢丝刷子		个	1	
手推车		辆	1	
卷尺	5m	把	2	
手套	《针织民用手套》FZ/T 73047—2013	双	每人 1 双	
工作服	按实际尺寸	套	每人 1 套	
安全帽	《安全帽》GB 2811—2007	顶	每人 1 顶	

15.2.5　注意事项

（1）清理模板上面的杂物，用墨斗在模板上弹好主筋、分布筋间距线。

（2）按画好的间距，先摆放受力主筋、后放分布筋。预埋件、电线管、预留孔等及时配合安装。

（3）在现浇板中有板带梁时，应先绑板带梁钢筋，再摆放板钢筋。绑扎板筋时一般用一面顺扣（图 5-5）或八字扣，除外围两根筋的相交点应全部绑扎外，其余各点可交错绑扎（双向板相交点须全部绑扎）。

（4）在板双层布筋区域，两层钢筋之间须加钢筋马凳或塑料马凳，以确保上部钢筋的位置。负弯矩钢筋每个相交点均要绑扎。

（5）在钢筋的下面垫好砂浆垫块，间距 1.5m。垫块的厚度等于保护层厚度，应满足设计要求，当设计无要求时，板的保护层厚度应为 15mm。盖铁下部安装马凳，位置同垫块。

15.3　实训操作

（1）板钢筋施工工艺流程

模板清理→下部钢筋放线→上部钢筋放线→摆放下部钢筋→绑扎下部钢筋→与水、电专业协调→摆放马凳筋→摆放上部钢筋→绑扎上部钢筋→摆放鸭筋→焊接楼板厚度控制钢筋→摆放砂浆垫块→绑扎梁板钢筋节点

（2）板、次梁与主梁交叉处，板的钢筋在上，次梁的钢筋居中，主梁的钢筋在下（图 15-2）。

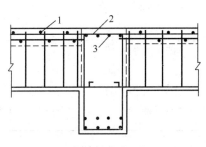

图 15-2　板、次梁与主梁交叉处钢筋
1—板的钢筋；2—次梁钢筋；3—主梁钢筋

15.4　成果验收

成果验收是对实训结果进行系统地检验和考查。楼板钢筋安装完成后，应该严格按照楼板钢筋安装的质量检测方法和标准进行验收，具体验收内容可参加表 15-5。

成　果　验　收　表　　　　　　　　　　　　表 15-5

姓名			班级		指导教师	
序号	检验内容		检验要求	检验方法		验收记录
1	工作程序		正确	观察		
2	搭接接头绑扎		方法正确	检查		
3	顺扣绑扎		方法正确	钢尺量连续三档取最大值		
4	网眼尺寸		20mm	钢尺检查		
5	钢筋成型尺寸偏差		±5mm	钢尺检查		
6	受力钢筋	间距	±10mm	钢尺量两端、中间各一点，取最大值		
7		排距	±5mm			
8		保护层厚度	±3mm	钢尺检查		

15.5　总结评价

15.5.1　实训总结

参照表 15-6，对实训过程中出现的问题、原因以及解决方法进行分析，并与实训小组的同学讨论，将思考和讨论结果填入表中。

实 训 总 结 表 表 15-6

组　号		小组成员	
实训中的问题：			
问题的原因：			
问题解决方案：			
小组讨论结果：			

15.5.2　实训成绩评定

参照表 15-7，进行实训成绩评定。

实训成绩评定表 表 15-7

模块课程名称					
项目名称					
一、综合职业能力成绩					
评分项目	评分内容	分值	自评分	小组评分	教师评分
任务完成	完成项目任务	60			
操作工艺	方法步骤正确，动作准确等	20			
安全生产	符合操作规程，人员设备安全等	10			
文明生产	遵守纪律，积极合作，工位整洁	10			
	总分	100			
二、训练过程记录					
工具、材料选择					
操作工工艺流程					
技术规范情况					
安全文明生产					
完成任务时间					
自我检查情况					
三、评语		自我整体评价		学生签名	
		教师整体评价		教师签名	

15.5.3 知识扩充与能力拓展：主梁与次梁交接处理

（1）主梁与次梁交接处理

主梁和次梁相交时，梁顶面钢筋的保护层以哪根梁为准？哪根梁的顶面钢筋在上面？工程上一般有如图 15-3 所示的两种做法。比较常见的做法是构造（一），次梁钢筋在主梁钢筋之上，即次梁钢筋的保护层厚度不变，而主梁钢筋的保护层厚度增加了次梁钢筋直径。构造（二）的做法二适用于施工中先绑扎次梁钢筋等情况，须经设计同意后方可采用。

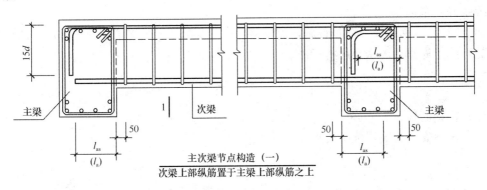

主次梁节点构造（一）
次梁上部纵筋置于主梁上部纵筋之上

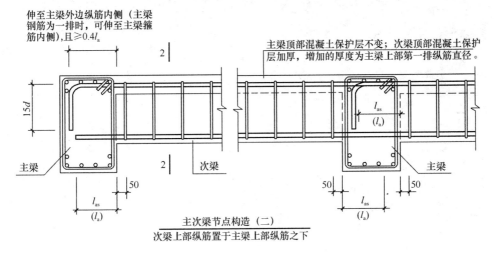

主次梁节点构造（二）
次梁上部纵筋置于主梁上部纵筋之下

图 15-3　主次梁相交处节点构造

（2）安全与文明施工

钢筋安装时须注意以下事项：

1）钢筋、半成品等应按规格、品种分别堆放整齐，码放高度必须符合规定，制作场地要平整，工作台要稳固，照明灯具必须加网罩。

2）拉直钢筋卡头要卡牢，地锚要结实牢固，拉筋沿线 2m 区域内禁止行人通过。

3）展开盘圆钢筋时，要一头卡牢，防止回弹，切断时要先用脚踩紧。

4）人工断料工具必须牢固，切断小于 30cm 的短钢筋，应用夹子夹牢，禁止用手把扶，并在外侧设置防护箱笼罩。

5）多人合运钢筋，起、落、转、停动作一致，人工上、下传送不得在同一垂直线上。

钢筋堆放要分散、稳当，防止倾倒和塌落。

6）绑扎立柱、墙体钢筋时，不得站在钢筋骨架上和攀登骨架上、下。柱钢筋长度在4m以内时，重量不大，可在地面或楼地面上绑扎后再整体竖起。柱钢筋长度在4m以上时，应搭设工作台。柱、梁骨架应采用临时支撑拉牢，以防倾倒。

7）绑扎基础钢筋时，应按设计规定摆放钢筋、钢筋支架或马凳，架起上部钢筋，不得任意减少马凳或支架。

8）绑扎高层建筑的圈梁、挑檐、外墙、边柱钢筋时，应搭设外挂架或安全网。绑扎时，要系好安全带。

9）严禁私自移动安全防护设施，需要移动时，必须经安全部门批准。移动后应有防护措施，施工完毕后应恢复原有标准。

思 考 题

（1）板钢筋施工工艺流程。

（2）熟悉安全与文明施工要点。

任务 16　混凝土工程量计算

混凝土是由水泥、砂子、石子、水及掺和料、外加剂等按一定比例拌合而成的。为充分发挥混凝土的抗压能力，在混凝土结构及构件的受拉区或相应部位加入一定数量的钢筋，两种材料粘结成一个整体，共同承受外力，形成钢筋混凝土。钢筋混凝土分为现浇和预制两种，框架结构主要为现浇钢筋混凝土结构，由于框架结构混凝土和钢筋两种材料用量大，所以其工程量计算直接影响着房屋主体工程的造价。学习混凝土工程量计算，要掌握混凝土结构的识图要点、计算规则和形体计算方法，并能准确计算混凝土的工程量。

混凝土浇筑工程量将影响主体工程的造价，计算中应认真细致。图 16-1 为混凝土工程量计算的照片。

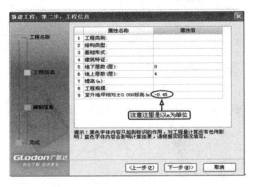

图 16-1　混凝土工程量计算

16.1　实训任务及目标

16.1.1　实训任务

在完成钢筋绑扎及隐蔽工程验收后，进行混凝土浇筑，浇筑混凝土之前要计算混凝土使用量。本实训的重点是混凝土体形计算。工程中常常需要结合现场混凝土运送的实际情况，通过工程量计算进行现场调配。

16.1.2　实训目标

具备施工图的识读能力，能正确认识混凝土浇筑构件体形，正确进行结构构件的空间想象，熟练掌握混凝土浇筑单体（梁、板、柱等）与其他结构物之间的体积关系，熟悉几何体形计算要求，熟练掌握相关的计算方法。会进行混凝土工程量计算。激发学生学习兴趣，营造积极向上、互助互学的学习氛围，培养勤于思考，一丝不苟的工作习惯。

16.2 实训准备

16.2.1 计算依据

混凝土工程量计算的依据是混凝土结构施工图。本实训项目施工图如图 1-3 所示。

16.2.2 计算方法

根据结构施工图，针对表 16-1 列出的混凝土结构构件名称，分组讨论不同混凝土结构构件的计算要求，写出计算公式及注意事项，确定混凝土浇筑工程量计算方案。

混凝土工程浇筑量计算方案　　　　　　　　表 16-1

组　号		小组成员		
计算内容	计算要求	计算公式		注意事项
1. 混凝土柱的计算				
2. 混凝土梁的计算				
3. 混凝土板的计算				
4. 其他				

16.2.3 计算规则

现浇混凝土工程量按以下规定计算：

（1）除另有规定者外，混凝土工程量均按图示尺寸以实体体积计算。不扣除构件内钢筋、预埋铁件及墙、板单个面积 $0.3m^2$ 以内的孔洞所占体积。

（2）基础

1）箱形满堂基础应分别按满堂基础、柱、墙、梁、板有关规定计算，套相应定额项目。

2）除块体以外，其他设备基础分别按基础、梁、柱、板、墙等有关规定计算，套相应的定额项目。

（3）柱

1）有梁板的柱高，应按柱基上表面（或楼板上表面）至上一层楼板的上表面之间的高度计算。

2）无梁板的柱高，应按柱基上表面（或楼板上表面）至柱帽下表面之间的高度计算。

3）框架柱的柱高，应按柱基上表面至柱顶高度计算。

4）构造柱按全高计算，与砖墙嵌接部分的体积并入柱身体积内计算。

5）依附于柱上的牛腿和升板的柱帽，并入柱身体积内计算。

（4）梁

按设计图示尺寸以米为单位进行计算。梁长按下列规定确定：

1）梁与柱连接时，梁长算至柱侧面。

2）主梁与次梁连接时，次梁长算至主梁侧面。

3）伸入墙内的梁头、梁垫体积并入梁体积内计算。

4）圈梁、过梁应分别计算。过梁长度按图示尺寸，图纸无明确表示时，按门窗洞口外围宽度共加 500mm 计算。

5）现浇挑梁的悬挑部分按单梁计算；嵌入墙身部分按圈梁计算。

（5）墙

按设计图示尺寸以米为单位进行计算，应扣除门窗洞口及 0.3m² 以上孔洞所占的体积，墙垛及突出墙面部分并入墙体积内计算。墙高按下列规定确定：

1）墙与梁平行重叠，墙与梁合并计算。

2）墙与板相交，墙高算至板底面。

（6）板

按设计图示尺寸以米为单位进行计算，其中：

1）有梁板包括主、次梁及板，按梁、板体积之和计算。当有柱穿过有梁板时，应扣除其柱穿过板所占的体积。

2）无梁板按板和柱帽的体积之和计算。

3）平板按板实体体积计算。

4）现浇挑檐、天沟与板（包括屋面板、楼板）连接时，以外墙面为分界线，与圈梁（包括其他梁）连接时，以梁外边线为分界线。外墙边线以外或梁外边线以外为挑檐、天沟。

5）各类板伸入墙内的板头并入板体积内计算，与圈梁、过梁连接时，外墙算至梁内侧；内墙按板计算，圈梁、过梁算至板下。

6）预制板补缝宽度在 60mm 以上时，按现浇平板计算。

7）阳台、雨篷按伸出外墙的水平投影面积计算，伸出墙外的牛腿不另计算。伸出墙外超过 1.5m 时，按有梁板计算。带翻边的雨篷按展开面积并入雨篷面积内计算。

8）栏板以长度×断面面积计算，以米为单位。

（7）楼梯

整体楼梯包括休息平台、平台梁、斜梁及楼梯的连接梁，按水平投影面积计算。不扣除宽度小于 200mm 的楼梯井，伸入墙内部分不另增加。楼梯与楼板连接时，楼梯算至楼梯梁外侧面。无楼梯梁时，以楼梯的最后一个踏步边缘加 300mm 为界。圆形楼梯按悬挑楼梯段间水平投影面积计算（不包括中心柱）。

（8）台阶（含侧边）按图示尺寸以米为单位进行计算，平台与台阶的分界线以最上层踏步外沿加 300mm。

（9）预制钢筋混凝土框架柱、梁现浇接头，按设计规定的断面和长度以米为单位进行计算。

（10）现浇池、槽按实际体积计算。

（11）散水按水平投影面积计算。

（12）后浇带按设计图示尺寸以米为单位进行计算。

16.2.4 注意事项

（1）计算前要进行现场实地勘察。

（2）要了解不同强度等级混凝土的特性。

（3）注意计算时结构体孔洞的计算。

（4）要进行不同人员的复核计算。

16.3 实训操作

（1）柱的工程量计算

如图 1-2 所示，本项目共有 6 根混凝土柱。柱截面尺寸为 0.3m×0.35m，层高为 3.3m。柱的混凝土工程量为：

$$V = (0.35 \times 0.3) \times 3.3 \times 6 = 2.079 \text{m}^3$$

（2）板的工程量计算

本工程板厚 100mm。板的体积应扣除 6 根柱穿过楼板时所占据的体积。楼板的工程量为：

$$V = 3.9 \times 4.8 \times 0.10 \times 2 - 0.3 \times 0.35 \times 0.1 \times 6 = 3.681 \text{m}^3$$

（3）板底梁的工程量计算

如图 1-4 所示，本项目有 3 根横向框架梁，分别位于①、②、③轴线上，截面尺寸为 0.25m×0.45m；有 4 根纵向框架梁，分别位于Ⓐ、Ⓑ轴线上，截面尺寸为 0.25m×0.40m。计算时梁高的取值应扣除板厚，梁长的取值应取到柱边。

①、②、③轴梁工程量＝(4.8−0.3)×0.25×(0.45−0.1)×3＝1.181m³

Ⓐ、Ⓑ轴梁工程量＝(3.9−0.35)×0.25×(0.4−0.1)×4＝1.065m³

梁的混凝土工程量为：1.181＋1.065＝2.246 m³

（4）混凝土工程量合计

本项目混凝土工程量为：2.079＋3.681＋2.246＝8.006m³

16.4 总结评价

16.4.1 实训总结

参照表 16-2，对实训过程中出现的问题、原因以及解决方法进行分析，并与实训小组的同学讨论，将思考和讨论结果填入表中。

实 训 总 结 表　　　　　　　　　　　　　　　　**表 16-2**

组　号		小组成员	
实训中的问题：			
问题的原因：			
问题解决方案：			
小组讨论结果：			

16.4.2　实训成绩评定

参照表 16-3，进行实训成绩评定。

实训成绩评定表　　　　　　　　　　　　　　　　**表 16-3**

模块课程名称					
项目名称					
一、综合职业能力成绩					
评分项目	评分内容	分值	自评分	小组评分	教师评分
任务完成	完成项目任务	60			
计算方法	方法步骤正确，数据准确等	20			
识图能力	体形识读能力，几何公式掌握能力	10			
文明生产	遵守纪律，积极合作，工位整洁	10			
总分		100			
二、训练过程记录					
计算方法选择					
计算过程					
计算规则运用					
计算准确度					
完成任务时间					
自我检查情况					
三、评语		自我整体评价		学生签名	
		教师整体评价		教师签名	

16.4.3 知识扩充与能力拓展：混凝土强度等级

混凝土的强度等级按立方体试件抗压强度标准值划分。立方体试件抗压强度标准值则是指按标准方法制作、养护的边长为 150 mm 的立方体标准试件，在 28d 龄期用标准试验方法所测得的抗压强度总体分布中的一个值，强度低于该值的百分率不得超过 5%，亦即保证率为 95%。混凝土的强度等级采用混凝土（Concrete）的代号 C 与其立方体试件抗压强度标准值的兆帕数表示，如立方体试件抗压强度标准值为 50MPa 的混凝土，其强度等级以"C50"表示。当采用非标准尺寸的试件时，应换算成标准试件的强度，换算系数分别是：边长 200 mm 的立方体试件为 1.05，边长 100mm 的立方体试件为 0.95。混凝土的强度等级通常采用 C15、C20、C25、C30、C35、C40、C45、C50、C55、C60。强度等级为 C60 及以上的混凝土属高强混凝土。

思 考 题

（1）熟悉并理解现浇混凝土工程量计算规则。

（2）现浇混凝土工程量计算中有哪些注意事项？

任务 17   混 凝 土 制 备

混凝土制备包括混凝土配合比设计、备料、搅拌等，并通过一系列措施保证混凝土强度。混凝土制备的质量直接影响混凝土强度等基本性能，工作中应严谨、细致，不能有半点马虎。图 17-1 为混凝土制备的照片。

图 17-1   混凝土制备

17.1   实训任务及目标

17.1.1   实训任务

在完成钢筋绑扎及隐蔽工程验收、确定混凝土工程量后，进行混凝土制备，根据混凝土配合比进行混凝土的配料与搅拌，进行混凝土坍落度试验，留置混凝土标准试块并养护，为混凝土质量检验做好准备。

17.1.2   实训目标

了解混凝土配合比设计和换算方法，掌握混凝土的配料与搅拌，了解常用混凝土搅拌机主要技术性能，掌握混凝土搅拌的技术要点。能根据混凝土配料单正确进行配料和拌制。了解留置混凝土试块的目的、要求和方法。掌握混凝土性能的质量标准及检查方法，能进行混凝土搅拌的质量检查验收和质量评定工作，并填写各类检验表格。培养积极细致的工作态度和勤奋踏实的工作作风。

17.2   实训准备

17.2.1   知识准备

识读施工图纸，查阅教材及相关资料，回答表 17-1 中的问题，并填入参考资料名称

和学习中所遇到的其他问题。根据实训分组，针对表中的问题分组进行讨论。

问题讨论记录表　　　　　表 17-1

组　号		小组成员	
问　题	问题解答		参考资料
1. 混凝土由哪些材料组成？什么是混凝土配合比？			
2. 混凝土外加剂有哪些？各有什么作用？			
3. 混凝土外加剂有哪些？各有什么作用？			
4. 简述混凝土坍落度试验的步骤。			
5. 其他问题。			

17.2.2　工艺准备

根据结构平面图，在表 17-2 中画出混凝土浇筑顺序，描述混凝土浇筑的注意事项，写出质量控制要点及质量检验方法。分组对上述内容进行讨论，确定混凝土搅拌施工方案。

混凝土搅拌施工方案　　　　　表 17-2

组　号		小组成员	
混凝土搅拌施工顺序			
混凝土搅拌注意事项			
混凝土搅拌质量控制及检验方法			

17.2.3　材料准备

混凝土工种实训需用材料见表 17-3。表中数量仅供参考，实训时需根据实训内容计算。

材料用量　　　　　　　　　　　　　　　　　表 17-3

材料名称	规　　格	单位	数量	备　　注
水泥	42.5 级复合水泥或矿渣水泥	kg	300	
砂	中砂，级配良好	kg	800	
石	16～31.5mm 碎石	kg	1200	
外加剂	减水剂	kg	3	
水	自来水	kg	200	

材料准备中应注意以下问题：

（1）水泥：水泥的品种、强度等级、厂别及牌号应符合混凝土配合比通知单的要求。水泥应有出厂合格证及进场试验报告。

（2）砂：砂的粒径及产地应符合混凝土配合比通知单的要求。砂中含泥量：当混凝土强度等级≥C30 时，含泥量≤3%；混凝土强度等级＜C30 时，含泥量≤5%，有抗冻、抗渗要求时，含泥量应≤3%。砂中泥块的含量（大于 5mm 的纯泥），当混凝土强度等级≥C30 时，其泥块含量应≤1%；混凝土强度等级＜C30 时，其泥块含量应≤2%，有抗冻、抗渗要求时，其泥块含量应≤1%。砂应有试验报告单。

（3）石子（碎石或卵石）：石子的粒径、级配及产地应符合混凝土配合比通知单的要求。

石子的针、片状颗粒含量：当混凝土强度等级≥C30 时，应≤15%；当混凝土强度等级为 C25～C15 时，应≤25%，当混凝土强度等级≤C10 时，应≤40%。

石子的含泥量（小于 0.8mm 的尘屑、淤泥和黏土的总含量）：当混凝土强度等级≥C30 时，应≤1%；当混凝土强度等级为 C25～C15 时，应≤2%；当对混凝土有抗冻、抗渗要求时，应≤1%。

石子的泥块含量（大于 5mm 的纯泥）：当混凝土强度等级≥C30 时，应≤0.5%；当混凝土强度等级＜C30 时，应≤0.7%；当混凝土强度等级≤C10 时，应≤1%。

石子应有试块报告单。

（4）水：宜采用饮用水，其他水的水质必须符合《混凝土用水标准》JGJ 63 的规定。

（5）外加剂：混凝土外加剂的品种、生产厂家及牌号应符合配合比通知单的要求。外加剂应有出厂质量证明书及使用说明，并应有相关指标的进场试验报告。国家规定要求认证的产品，还应有准用证件。外加剂必须有掺量试验。

17.2.4　设备、工具及装备准备

主要机具包括磅秤（或自动计量设备）、双轮手推车、小翻斗车、尖锹、平锹、木抹子、长抹子、铁板、胶皮水管、串桶等。此外，还需准备现场混凝土试验器具，如坍落度测试设备、试模等。

混凝土搅拌实训所需机具见表 17-4，实训设备如图 17-2 所示。

		实 训 机 具			表 17-4
工具名称	要 求	单位	数量	备 注
---	---	---	---	---
振捣器	插入式振捣器	台	2	
钢板	2m×1.5m（2mm厚）	张	2	
手推车	两轮	辆	3	
铁钎	方口	根	10	
试块模具	现场试验器具（包括坍落度）	套	2	
抹刀	刀底平整	把	20	
平板振动器	型号匹配	台	2	

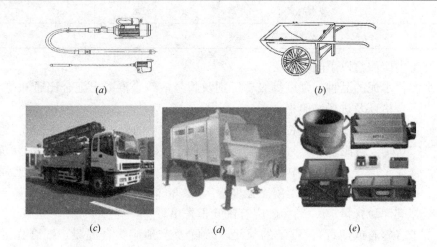

（a） *（b）*

（c） *（d）* *（e）*

图 17-2 混凝土备制相关设备
（a） 插入式振捣器；*（b）* 双轮手推车；
（c） 汽车泵；*（d）* 地泵；*（e）* 试块模具（包括坍落度筒）

17.2.5 注意事项

（1）水泥的品种、强度等级应符合施工设计要求。运到现场的水泥要保管好，放在干燥处，要防止水泥吸潮变硬而使强度降低。

（2）要准备合格的水，水量要充足。

（3）所选择的砂、石料应符合有关要求。

17.3 实训操作

17.3.1 混凝土配合比及施工配料制备

混凝土的配合比是在实验室根据混凝土的配制强度经过试配和调整而确定的，称为实验室配合比。实验室配合比所用砂、石都是不含水分的，而施工现场砂、石都有一定的含水率，且含水率大小随气温等条件不断变化。为保证混凝土的质量，施工中应按砂、石实际含水率对原配合比进行修正。根据现场砂、石含水率调整后的配合比称为施工配合比。

设实验室配合比为：水泥∶砂∶石＝1∶x∶y，水灰比 W/C，现场砂、石含水率分别

为 W_X、W_Y，则施工配合比为：水泥：砂：石 $=1：X（1+W_x）：Y（1+W_x）$，水灰比 W/C 不变，但加水量应扣除砂、石中的含水量。

施工配料是确定每拌一次需用的各种原材料量，它根据施工配合比和搅拌机的出料容量计算。

17.3.2 混凝土的搅拌

（1）搅拌时间

搅拌时间是影响混凝土质量及搅拌机生产率的重要因素之一，时间过短，拌合不均匀，会降低混凝土的强度及和易性；时间过长，不仅会影响搅拌机的生产效率，而且会使混凝土和易性降低或产生分层离析现象。搅拌时间与搅拌机的类型、鼓筒尺寸、骨料的品种和粒径以及混凝土的坍落度等有关，混凝土搅拌的最短时间（即自全部材料装入搅拌筒中起到卸料止）可按表 17-5 采用。

混凝土搅拌的最短时间（s）　　　　　　表 17-5

混凝土坍落度（mm）	搅拌机机型	搅拌机出料量（L）		
		<250	250~500	>500
≤30	自落式	90	120	150
	强制式	60	90	120
>30	自落式	90	90	120
	强制式	60	60	90

注：掺有外加剂时，搅拌时间适当延长。

（2）投料顺序

投料顺序应从提高搅拌质量，减少叶片、衬板的磨损，减少拌合物与搅拌筒的粘结，减少水泥飞扬，改善工作条件等方面综合考虑确定。常用方法有：

1）一次投料法：即在上料斗中先装石子，再加水泥和砂，然后一次投入搅拌机。在鼓筒内先加水或在料斗提升进料的同时加水，这种上料顺序使水泥夹在石子和砂中间，上料时不致飞扬，又不致粘住斗底，且水泥和砂先进入搅拌筒形成水泥砂浆，可缩短包裹石子的时间。

2）二次投料法：它又分为预拌水泥砂浆法和预拌水泥净浆法。预拌水泥砂浆法是先将水泥、砂和水加入搅拌筒内进行充分搅拌，成为均匀的水泥砂浆，再投入石子搅拌成均匀的混凝土。预拌水泥净浆法是将水泥和水充分搅拌成均匀的水泥净浆后，再加入砂和石子搅拌成混凝土。二次投料法搅拌的混凝土与一次投料相比较，混凝土强度提高约 15%，在强度相同的情况下，可节约水泥约 15%~20%。

3）水泥裹砂法（又称为 SEC 法）：采用这种方法拌制的混凝土称为 SEC 混凝土，也称为造壳混凝土。其搅拌程序是先加一定量的水，将砂表面的含水量调节到某一规定的数值后，再将石子加入与湿砂拌匀，然后将全部水泥投入，与润湿后的砂、石拌合，使水泥在砂、石表面形成一层低水灰比的水泥浆壳（此过程称为"成壳"），最后将剩余的水和外加剂加入，搅拌成混凝土。采用 SEC 法制备的混凝土与一次投料法比较，强度可提高 20%~30%，混凝土不易产生离析现象，泌水少，工作性能好。

进料容量又称干料容量，为搅拌前各种材料体积的累积。进料容量 V_j 与搅拌机搅拌筒的几何容量 V_g 有一定的比例关系，一般情况下 $V_j/V_g=0.22\sim0.40$，鼓筒式搅拌机可用较小值。如任意超载（进料容量超过 10%），就会使材料在搅拌筒内无充分的空间拌合，影响混凝土拌合物的均匀性；如装料过少，则不能充分发挥搅拌机的效率。进料容量可根据搅拌机的出料容量按混凝土的施工配合比计算。

搅拌时应该注意安全，在鼓筒正常转动之后，才能装料入筒。在运转时，不得将头、手或工具伸入筒内。在因故（如停电）停机时，要立即设法将筒内的混凝土取出，以免凝结。在搅拌工作结束时，应立即清洗鼓筒内外。叶片磨损面积如超过 10%，就应按原样修补或更换。

每台班开始前，对搅拌机及上料设备进行检查并试运转；对所用计量器具进行检查并定磅；校对施工配合比；对所用原材料的规格、品种、产地、牌号及质量进行检查，并与施工配合比进行核对；对砂、石的含水率进行检查，如有变化，及时通知试验人员调整用水量。一切检查符合要求后，方可开盘拌制混凝土。

17.3.3　混凝土坍落度试验

混凝土的坍落度反映了混凝土拌合物的工作性（和易性）。

（1）试验目的

测定骨料最大粒径不大于 37.5mm、坍落度 $\geq$ 10mm 的塑性混凝土拌合物坍落度，评定混凝土拌合物的黏聚性和保水性，为混凝土配合比设计、混凝土拌合物质量评定提供依据；掌握《普通混凝土拌合物性能试验方法标准》GB/T 50080—2002 的测试方法，正确使用仪器与设备，并熟悉其性能。

（2）主要仪器设备

1）坍落度筒。

2）捣棒。

3）直尺、小铲、漏斗等。

（3）试验步骤

1）每次测定前，用湿布湿润坍落度筒、拌合钢板及其他用具，并把筒放在不吸水的刚性水平底板上，然后用脚踩住 2 个脚踏板，使坍落度筒在装料时保持位置固定。

2）取拌好的混凝土拌合物 15L，用小铲分 3 层均匀地装入筒内，使捣实后每层高度为筒高的 1/3 左右。每层用捣棒沿螺旋方向在截面上由外向中心均匀插捣 25 次。插捣筒边混凝土时，捣棒可以稍稍倾斜。插捣底层时，捣棒应贯穿整个深度，插捣第二层和顶层时，捣棒应插透本层至下一层的表面。浇灌顶层时，混凝土应高出筒口。插捣过程中，如混凝土沉落到低于筒口处，应随时加料，顶层插捣完毕后，刮去多余混凝土，并用镘刀抹平。

3）清除筒边底板上的混凝土后，垂直平稳地提起坍落度筒。坍落度筒的提离过程应在 5~10s 内完成。从开始装料到提起坍落度筒的整个过程应不间断地进行，并应在 150s 内完成。

（4）试验结果确定与处理

1）提起坍落度筒后，立即量测筒高与坍落后混凝土试体最高点之间的高度差，即为该混凝土拌合物的坍落度值。混凝土拌合物坍落度以毫米为单位，结果精确至 1mm。

2）坍落度筒提离后，如混凝土发生崩塌或一边剪坏现象，则应重新取样再测定。如第二次试验仍出现上述现象，则表示该混凝土拌合物和易性不好，应记录备查。

3）观察坍落后的混凝土试体的黏聚性和保水性。黏聚性的检查方法是用捣棒在已坍落的混凝土锥体侧面轻轻敲打，此时，如果锥体逐渐下沉，则表示黏聚性良好，如果锥体倒塌、部分崩裂或出现离析现象，则表示黏聚性不好。保水性以混凝土拌合物中稀浆析出的程度来评定，如坍落度筒提起后无稀浆或仅有少量稀浆自底部析出，则表示此混凝土拌合物保水性良好；坍落度筒提起后如有较多的稀浆从底部析出且锥体部分的混凝土也因失浆而骨料外露，则表明此混凝土拌合物的保水性能不好。

4）和易性的调整

① 当坍落度低于设计要求时，可在保持水灰比不变的前提下，适当增加水泥浆量。

② 当坍落度高于设计要求时，可在保持砂率不变的条件下，增加骨料的用量。

③ 当出现含砂量不足，黏聚性、保水性不良时，可适当增加砂率，反之减小砂率。

17.3.4 混凝土立方体试块制留

混凝土试块应在混凝土浇筑地点随机取样。

（1）标准养护试块取样与留置原则

1）每拌制 100 盘且不超过 100m³ 的同配合比的混凝土，取样不得少于一次。

2）每工作班拌制的同一配合比的混凝土不足 100 盘时，取样不得少于一次。

3）当一次连续浇筑超过 1000m³ 时，同一配合比的混凝土每 200m³ 取样不得少于一次。

4）每一楼层、同一配合比的混凝土，取样不得少于一次。

5）每次取样应至少留置一组（一组为 3 个立方体试块）标准养护试块。

（2）同条件养护试块取样与留置原则

1）结构实体同条件试块是混凝土结构验收的重要依据。同条件养护试块所对应的结构构件或结构部位，应由监理（建设）、施工等各方共同选定。依据原则是既体现结构重要部位又适度控制实体检验数量，对重要部位建议如下：竖向构件中的墙、柱、核心筒，水平构件中跨度≥8m 的梁、跨度≥5m 的单向板、跨度≥6m 的双向板、预应力混凝土梁、跨度≥2m 的悬挑梁板，若有工程不满足上述条件，则应按"同一强度等级的同条件养护试件不宜少于 10 组，且不应少于 3 组"执行，项目在具体实施中可以此为依据与监理协商确定。

2）拆模同条件试块（判定混凝土是否达到设计要求或规范要求的强度），每一施工流水段至少留置一组同条件试块。

3）达到受冻临界强度同条件试块（控制冬期施工竖向结构模板拆除），每一施工流水段至少留置一组同条件试块。

4）掺加防冻剂混凝土同条件试块（检验掺加防冻剂混凝土质量），每一楼层、同一配合比的混凝土至少留置一组同条件试块。

5）构件吊装混凝土同条件试块（检查混凝土构件强度能否满足吊装要求），须根据吊装安排酌情留置同条件试块。

6）预应力工程混凝土同条件试块（判定能否达到预应力张拉或放张条件），须根据预应力张拉安排酌情留置同条件试块。

17.4 成果验收

混凝土制备前，应认真检查设备。检查内容和要求见表 17-6。

混凝土备制设备检查 表 17-6

检查内容	检查情况	备 注
搅拌机组是否满足生产需要	生产能力，日产量须大于最大批混凝土数量	
是否配置匹配的发电机	发电机功率须大于最大荷载	
搅拌设备是否配备冲洗设备	设备完好情况	
粗骨料是否设置冲洗设备（砂、泥等杂质含量应小于 1.0%）	设备完好情况	
水泥和粉煤灰料仓是否加锁，标识是否清楚	标识情况	
标养室和试验操作间设备是否齐全	具备检测细骨料（细度、含泥量、泥块含量、含水率）、粗骨料（级配、含泥量、泥块含量、针片状）、粉煤灰（细度）、混凝土（坍落度、含气量、出机温度）等材料的能力	
人员是否熟悉设备的操作	现场抽查做试验	

混凝土搅拌后，应进行浇筑质量验收。混凝土浇筑验收见表 17-7。

混凝土浇筑验收表 表 17-7

序号	项 目	要求及允许偏差（mm）	检验方法	验收记录	分值	得分
1	工作程序	严格按照操作规程，操作熟练	检查		5	
2	工作态度	遵守纪律、态度端正	观察、检查		5	
3	混凝土现场拌合前准备	规范要求	小组自查		10	
4	混凝土配合比	混凝土配合比计算公式	数据检查		15	
5	外加剂使用	规范要求	数据检查		15	
6	浇筑设备	规范要求	小组自查		10	
7	混凝土坍落度	规范要求	数据检查		10	
8	安全	不发生安全事故	巡查		20	
9	整洁	工具完好、作业面的清理	观察、检查		10	
质量检验记录及原因分析				总分	100	
质量检验记录		质量问题分析		防治措施建议		

17.5　总结评价

17.5.1　实训总结

参照表 17-8，对实训过程中出现的问题、原因以及解决方法进行分析，并与实训小组的同学讨论，将思考和讨论结果填入表中。

表 17-8

实训总结表

组　号		小组成员	
实训中的问题：			
问题的原因：			
问题解决方案：			
小组讨论结果：			

17.5.2　实训成绩评定

参照表 17-9，进行实训成绩评定。

表 17-9

实训成绩评定表

模块课程名称				
项目名称				

一、综合职业能力成绩

评分项目	评分内容	分值	自评分	小组评分	教师评分
任务完成	完成项目任务	60			
操作工艺	方法步骤正确，动作准确等	20			
安全生产	符合操作规程，人员设备安全等	10			
文明生产	遵守纪律，积极合作，工位整洁	10			
总分		100			

131

二、训练过程记录	
砂、石含水率测定	
混凝土配料和计量	
检查配料计量装置	
天气记录情况	
设备选用对比参数	
混凝土坍落度记录	

三、评语	自我整体评价		学生签名
	教师整体评价		教师签名

17.5.3 知识扩充与能力拓展：商品混凝土

商品混凝土，又称预拌混凝土，是由水泥、骨料、水及根据需要掺入的外加剂、矿物掺合料等组分按照一定比例，在搅拌站经计量、拌制后出售，并采用运输车在规定时间内运送到使用地点的混凝土拌合物。

商品混凝土有以下特点：

1）环保性

由于商品混凝土搅拌站设置在城市边缘地区，相对于施工现场搅拌的传统工艺减少了粉尘、噪声、污水等污染，改善了城市居民的工作和居住环境。随商品混凝土行业的发展，在工艺废渣和城市废弃物处理及综合利用方面逐步发挥更大的作用，减少了环境恶化。

2）半成品

商品混凝土是一种特殊的建筑材料。交货时是塑性、流态的"半成品"。在所有权转接以后，还需要使用方继续尽一定的质量义务，才能达到最终的设计要求。因此，它的质量是供需双方共同的责任。

3）质量稳定性

商品混凝土搅拌站是专业性的混凝土生产企业，管理模式基本定型且比较单一，设备配置先进，不仅产量大、生产周期短，而且几率较准确，搅拌较均匀，生产工艺相对简洁、稳定，生产人员有比较丰富的经验，而且能全天候生产，质量相对施工现场搅拌的混凝土更稳定可靠，可提高工程质量。

4）技术先进性

商品混凝土集中生产、规模大、便于管理，能实现工程结构设计的各种要求，有利于新技术、新材料的推广应用，特别有利于散装水泥、混凝土外加剂和矿物掺合料的推广应用，这是保证混凝土具有高性能和多功能的必要条件，同时能够有效地节约资源。

5）提高工效

商品混凝土大规模地商业化生产和罐装运送，采用泵送工艺浇筑，不仅提高了生产效率，施工进度也得到很大的提高，可明显缩短工程建造周期。

6）文明性

商品混凝土的应用，减少了施工现场建筑材料的堆放，明显改变了施工现场脏、乱、差等现象，提高了施工现场的安全性，当施工现场较为狭小时，这一作用更显示出其优越性，施工的文明程度得到了根本性的提高。

思　考　题

（1）混凝土制备的材料准备应注意哪些问题？

（2）何谓实验室配合比？何谓施工配合比？

（3）叙述混凝土搅拌的方法。

任务 18 混凝土浇筑

混凝土搅拌制备完毕，须运送至现场浇筑、养护。混凝土的浇筑、振捣、养护质量直接影响建筑物（或构筑物）的质量。施工中要特别关注混凝土的浇筑与振捣，加强混凝土质量通病防治及处理。工作中应严谨、细致，不能有半点马虎。图 18-1 为混凝土浇筑的照片。

图 18-1　混凝土浇筑

18.1　实训任务及目标

18.1.1　实训任务

在完成钢筋绑扎及隐蔽工程验收后，即可以搅拌混凝土并进行浇筑。浇筑时应根据结构情况，使用不同形式的振动器进行振捣。

18.1.2　实训目标

了解混凝土质量通病防治及处理的基本知识，了解常用混凝土振动器、混凝土泵的构造原理和主要技术性能。了解混凝土工程技术交底的主要内容，掌握混凝土的运输、浇筑、振捣和养护等主要施工工艺及方法。熟练掌握混凝土工基本操作技能。掌握混凝土工程的质量标准及检查方法，能进行混凝土工程的质量检查验收和质量评定工作，认真填写各类表格。能够以积极的态度应对混凝土浇筑过程中出现的问题，养成积极细致的工作态度和勤奋踏实的工作作风。

18.2　实训准备

18.2.1　知识准备

识读施工图纸，查阅教材及相关资料，回答表 18-1 中的问题，并填入参考资料名称

和学习中所遇到的其他问题。根据实训分组，针对表中的问题分组进行讨论。

问题讨论记录表　　　　表 18-1

组　号		小组成员	
问　题	问题解答		参考资料
1. 混凝土振捣要领是什么？			
2. 混凝土养护要求是什么？			
3. 混凝土蜂窝产生的原因是什么？			
4. 其他问题。			

18.2.2　工艺准备

根据结构平面图，在表 18-2 中画出混凝土浇筑顺序，描述混凝土浇筑的注意事项，写出质量控制要点及质量检验方法。分组对上述内容进行讨论，确定混凝土浇筑施工方案。

混凝土浇筑施工方案　　　　表 18-2

组　号		小组成员	
混凝土浇筑施工顺序			
混凝土浇筑注意事项			
混凝土浇筑质量控制及检验方法			

18.2.3　设备、工具及装备准备

主要机具包括双轮手推车、小翻斗车、尖锹、平锹、混凝土吊斗、插入式振动器、平

板式振动器、木抹子、长抹子、铁板、胶皮水管、串桶等。混凝土浇筑实训所需工具见表18-3，其中实训设备如图18-2所示。

实 训 工 具

表 18-3

工具名称	规格（要求）	单位	数量	备注
振动器	插入式振动器	台	2	
钢板	2m×1.5m（2mm厚）	张	2	
手推车	两轮	辆	3	
铁钎	方口	根	10	
模板	满足强度、刚度、稳定性要求	张		可与模板工实训配合
混凝土拌机	强制式	台	1～2	
试块模具	现场试验器具（包括坍落度）	套	2	
抹刀	刀底平整	把	20	
平板式振动器	型号匹配	台	2	

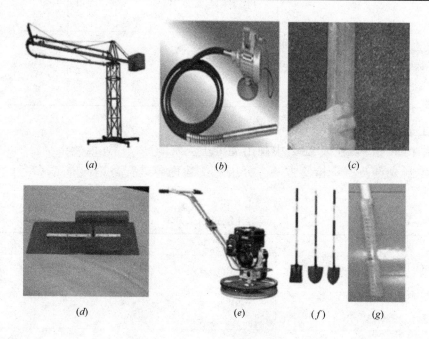

（a）　　　　　　　　　（b）　　　　　　　　　（c）

（d）　　　　　　（e）　　　　　（f）　　　（g）

图 18-2　混凝土浇筑部分设备工具

（a）布料机；（b）振动棒；（c）2.5m长铝合金刮尺；

（d）抹刀；（e）收光机；（f）铁锹；（g）自制测量工具

18.2.4　作业面及环境准备

（1）核实梁、柱、楼板、墙体内的预埋件、预留孔洞、水电预埋管线、盒（槽）的位置、数量及固定情况。

（2）检查模板下口、洞口及角模拼缝处是否严密，边柱、角柱加固是否可靠，各种连接件是否牢固。

（3）检查并清理模板内的垃圾、泥土等残留杂物，用水冲净。如果使用的是木模板应浇水使模板湿润。柱子模板的清扫口应在清除杂物后再封闭。

（4）检查钢筋、预埋件及管线等全部安装完毕，检查钢筋混凝土保护层的水泥垫块是否垫好或塑料夹头是否夹紧。

（5）检查浇筑混凝土用架子及马道已支搭完毕并且合格，混凝土输送泵的泵管铺设完毕。

18.2.5　注意事项

（1）浇筑前应检查钢筋数量、位置及预埋件等隐蔽工程，办理隐蔽工程预检、验收手续。检查模板支设符合要求且安全可靠。

（2）按照正确浇筑顺序进行浇筑，合理布置振捣点。

（3）采取合理的养护措施，保证混凝土浇筑质量。

（4）及时处理混凝土浇筑过程中形成的质量缺陷。

18.3　实训操作

混凝土浇筑的基本工艺流程为：作业准备 → 混凝土搅拌 → 混凝土运输 → 柱、梁、板、墙、楼梯混凝土浇筑振捣 → 养护。本实训任务仅讨论混凝土浇筑的基本操作。

18.3.1　柱混凝土浇筑

（1）在上下楼层两次浇筑混凝土的结合面，第一次浇筑后表面混凝土应凿毛，凿毛面积≥70%，如图 18-3 所示。柱混凝土浇筑前，在柱基表面新浇混凝土与下层混凝土结合处，应先填以 50～100mm 厚与混凝土内砂浆成分相同的水泥砂浆，然后再浇混凝土。砂浆应用铁铲入模，不应用料斗直接倒入模内。

（2）柱混凝土应分层浇筑振捣，每层浇筑厚度控制在 500mm 左右。混凝土下料点应分散布置循环推进，连续进行。振动棒不得触动钢筋和预埋件。除上面振捣外，下面要有人随时敲打模板。

（3）当柱高小于等于 3 m，柱断面大于 400mm×400mm 且又无交叉箍筋时，混凝土可由柱模顶部直接倒入。当柱高大于 3m 时，必须分段浇筑，每段的浇筑高度不大于 3m。

（4）柱断面在 400mm×400mm 以内或有交叉箍筋时，应采取措施（用串桶）或在模板侧面开门子洞安装斜溜槽分段灌筑混凝土，每段的高度

图 18-3　柱结合面混凝土凿毛

不大于 2m。如果柱箍筋妨碍斜溜槽的装置，可将箍筋一端解开向上提起，混凝土浇筑后，门子板封闭前将箍筋重新按原位置绑扎，并将门子洞模板封闭严密，用柱箍箍紧。使用斜溜槽下料时，可将其轻轻晃动，使下料速度加快。分层浇筑时切不可一次投料过多，以免影响浇筑质量。

（5）柱混凝土应一次浇筑完毕，如需留施工缝时应留在主梁下面。无梁楼板应留在柱帽下面。在梁板整体浇筑时，应在柱浇筑完毕后停歇 1～1.5h，使其获得初步沉实，再继

图18-4　墙柱边混凝土抹平

续浇筑。

（6）浇筑完毕后，应随时将伸出的搭接钢筋整理到位。墙柱边混凝土收面标高、平整度控制在 3mm 以内，如图 18-4 所示。

18.3.2　梁、板混凝土浇筑

（1）肋形楼板的梁板应同时浇筑，浇筑方法应由一端开始用"赶浆法"推进，即先浇筑梁，根据梁高分层浇筑成阶梯形，当达到楼板板底位置时再与板的混凝土一起浇筑。随着阶梯形不断延伸，梁板混凝土连续向前进行。

（2）梁柱节点钢筋较密时，此处混凝土宜用小粒径石子同强度等级的混凝土浇筑，并用小直径振动棒振捣。

（3）在浇筑与柱、墙连成整体的梁和板时，应在柱和墙浇筑完毕后停歇 1~1.5h，使其获得初步沉实，再继续浇筑。

（4）楼板浇筑前采用铁锹初步平整，如图 18-5（a）所示。楼板浇筑时混凝土的虚铺高度可比楼板厚度高出 20~25 mm。用平板振动器垂直浇筑方向来回振捣。采用图 18-5（b）所示的钢筋三脚架控制混凝土板厚度，浇筑时随时移动以控制楼板厚度。钢筋三脚架间距小于等于 1.8m，在混凝土收平后取出。振捣完毕，用刮尺或拖板刮平表面，如图 18-5（c）所示。

（a）　　　　　　　（b）　　　　　　　（c）

图18-5　楼板混凝土浇筑
（a）铁锹摊平；（b）钢筋三脚架；（c）铝合金刮尺

（5）如设置施工缝，宜沿着次梁方向浇筑楼板，施工缝应留置在次梁跨度 1/3 范围内，施工缝表面应与次梁轴线或板面垂直。单向板的施工应留置在平行于板的短边的任何位置。

（6）采用定制钢架作为钢筋绑扎、混凝土浇筑阶段的通道，并用于架设泵管等专业工具。混凝土浇筑过程中也可以作为板厚控制，浇筑完成后取出。定制钢架材料规格采用 30mm×30mm×3mm 方钢加 $\phi12$ 钢筋，可现场制作，如图 18-6 所示。

18.3.3　混凝土振捣

混凝土应机械振捣成型，根据施工对象及拌合物性质，应选择适当的振动器，并确定振捣时间。振动器有插入式、平板式、附着式等类型。插入式振动器适用于基础、柱、墙、梁、大体积混凝土等构件。平板式振动器适用于屋面、楼板、地面、路面、垫层等断面厚度不大于 200mm 的构件。施工时可将两台或多台同型号的平板式振动器安装在型钢

图 18-6　定制钢架

上，成为振动梁。附着式振动器适用于断面较小和钢筋密集的柱、墙、梁等构件。

（1）插入式动捣器振捣方法及操作要点

1）振动器应安放在牢固的脚手板上，不应放在模板支撑或钢筋上。

2）振动器振捣方向有直插和斜插两种，如图 18-7 所示，切忌用力硬插或斜推。振动器宜采用垂直振捣。插入深度为棒长的 3/4，作用轴线应相互平行避免漏振。当梁端等钢筋密集的部位，振动棒难以插入时，也可倾斜振捣，但棒与水平面夹角不宜小于 45°。不得将软轴插入到混凝土内部，不得将软轴折成硬弯，并应避免振动棒碰撞模板、钢筋、吊环、预埋件、芯管、地脚螺栓等；振动棒与模板的距离不应大于其作用半径的 1/2。

3）使用振动器时，一只手应紧握在振捣棒上端约 500mm 处，以控制插点，另一只手扶正软轴，前后手相距 400～500mm，使振动棒自然沉入混凝土内，切忌用力硬插。插入式振动器操作时，应做到"快插慢拔"。快插是为了防止表面混凝土先振实而下面混凝土发生分层、离

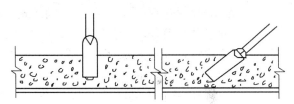

图 18-7　振动器振捣方向（直插和斜插）

析现象。慢拔是为了使混凝土能填满振动棒抽出时造成的孔洞。振动棒插入混凝土后，应上下抽动，幅度为 50～100mm，以排出混凝土中空气，振捣密实。每插点应掌握好振捣时间，过短过长都不利，每点振捣时间一般为 20～30s，使用高频振动器时，也不应少于 10s。待混凝土表面呈现水平，不再沉落，不再出现气泡，表面泛出灰浆时，方可拔出振动棒。拔出宜慢，待振动棒端头即将露出混凝土表面时，再快速拔出振动棒，以免造成空腔。

4）振动器插点应排列均匀，可采用"行列式"或"交错式"，按顺序移动，不应混用，以免造成混乱而发生漏振。每次移动位置的距离不应大于振动器作用半径的 1.5 倍。振动棒的作用半径（通常为振动棒半径的 8～10 倍）一般为 300～400mm。振动器距离模板不应大于作用半径的 1/2，并应避免碰撞钢筋、模板、芯管、预埋件等。

5）混凝土分层浇筑时，每层的厚度不应超过振动深度的 1.25 倍，在振动上一层混凝土时，要将振捣棒插入下一层混凝土中约 50mm，使上下层混凝土结合成一整体。同时，振捣上层混凝土应在下层混凝土初凝之前进行。

6）钢筋过密处，可局部拆除钢筋振捣，用钢钎捣固配合振动器振捣，倾斜振捣或用剑式振动器振捣。

（2）平板式振动器振捣方法及操作要点

1）平板式振动器在每一位置上应连续振动一定时间，正常情况下约为 25～40s，以混凝土表面出现浮浆为准。

2）移动时应成排依次振捣前进，移动速度通常 2～3m/min。前后位置和排间相互搭接应为 30～50mm，防止漏振。

3）振动倾斜混凝土表面时，应由低处逐渐向高处移动，以保证混凝土振实。

4）平板式振动器的有效作用深度，在无筋及单筋平板中约为 200mm，在双筋平板中约为 120mm，且振捣时不应使上层钢筋移位。

（3）附着式振动器振捣方法及操作要点

1）附着式振动器振动作用深度约为 250mm。如构件较厚，需要在构件两侧安设振动器同时振捣。

2）附着式振动器的转子轴应水平地安装在模板上，每个固定点的螺栓应加装防振弹簧垫圈。在一个构件上安装几台振动器时，振动频率必须一致，在两侧安装时，相对应的位置应错开，使振捣均匀。

3）混凝土入模后方可开动振动器，混凝土浇筑高度应高于振动器安装部位，当钢筋较密和构件断面较深较窄时，可采取边浇边振动的方法。但浇筑高度超过振动器安装部位时，方可开动振动器。

4）振动时间和间距设置，根据结构形式、模板坚固程度、混凝土坍落度及振动器功率等因素通过试验确定，一般每隔 1～1.5m 距离设置一个振动器。当混凝土成一水平而不再出现气泡时，可停止振动。

（4）振动器使用操作步骤

1）启动前应检查电动机接线是否正确，电动机运转方向应与机壳上箭头方向一致。电动机运转方向正确时，振捣棒应发出"呜——"的叫声，振动稳定有力。如振捣棒有"哗——"声而不振动，可摇晃棒头或将棒头对地轻敲两下，待振动器发出"呜——"的叫声，振捣正常后，方可投入使用。

2）使用时，一只手应紧握在振捣棒上端约 500mm 处，以控制插点，另一只手扶正软轴，前后手相距 400～500mm，使振捣棒自然沉入混凝土内。

3）振动器插点排列要均匀，可按"行列式"或"交错式"的次序移动，如图 18-8 所示，两种排列形式不宜混用，以防漏振。

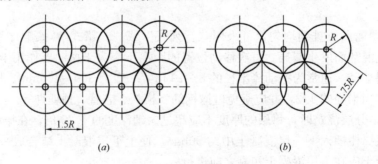

图 18-8　振动器插点形式

（a）行列式排列；（b）交错式排列

4）准确掌握好每个插点的振动时间。时间过长、过短都会引起混凝土离析、分层。每一插点的振动延续时间，一般以混凝土表面呈水平、混凝土拌合物不显著下沉、表面泛浆和不出现气泡为准。

18.3.4　混凝土浇筑的一般要求

（1）混凝土自吊斗下落的自由倾落高度不得超过 2m，当超过 2m 时必须采取相应措施。

（2）浇筑竖向结构混凝土时，当浇筑高度超过 3m 时，应采用串筒、导管、溜槽或在模板侧面开门子洞（生口）。

（3）浇筑混凝土时应分段分层进行，每层并行浇筑高度应根据结构特点、钢筋疏密决定。一般分层高度为插入式振动器作用部分长度的 1.25 倍，最大不超过 500mm。平板振动器的分层厚度为 200mm。

（4）使用插入式振动器应快插慢拨，插点要均匀排列，逐点移动，按顺序进行，不得遗漏，做到均匀振实。移动间距不大于振动棒作用半径的 1.5 倍（一般为 300～400mm）。振捣上一层时应插入下层混凝土面 50mm，以消除两层间的接缝。平板振动器的移动间距应能保证振动器的平板覆盖已振实部分边缘。

（5）浇筑混凝土应连续进行。如必须间歇，时间应尽量缩短，并应在前层混凝土初凝之前，将次层混凝土浇筑完毕。间歇的最长时间应按所用水泥品种及混凝土初凝条件确定，一般超过 2h 时应按施工缝处理。

（6）浇筑混凝土时应派专人观察模板、钢筋、预留孔洞、预埋件、插筋等有无位移变形或堵塞情况，发现问题应立即停止浇筑并应在已浇筑的混凝土初凝前修整完毕。

18.4　成果验收

混凝土浇筑后，应进行认真检查。现浇结构尺寸偏差应符合表 18-4 的规定。

现浇结构尺寸允许偏差和检验方法　　　　　　　　　　　　　　表 18-4

项目 1		允许偏差（mm）	检验方法
标高	层高	±10	水准仪或拉线、钢尺检查
	全高	±30	
截面尺寸		+8，−5	钢尺检查
电梯井	井筒长、宽对定位中心线	+25，0	钢尺检查
	井筒全高（H）垂直度	$H/1000$ 且≤30	经纬仪、钢尺检查
表面平整度		8	2m 靠尺和塞尺检查
预埋设施中心线位置	预埋件	10	钢尺检查
	预埋螺栓	5	
	预埋管	5	
预留洞中心线位置		15	钢尺检查

续表

项目 2		允许偏差（mm）	检验方法
轴线位置	墙、柱、梁	8	钢尺检查
	剪力墙	5	
垂直度	层高 ≤5m	8	经纬仪或吊线、钢尺检查
	层高 >5m	10	经纬仪或吊线、钢尺检查
	全高（H）	$H/1000$ 且≤30	经纬仪、钢尺检查

注：检查轴线、中心线位置时，应沿纵、横两个方向量测，并取其中的较大值。

18.5 总结评价

18.5.1 实训总结

参照表 18-5，对实训过程中出现的问题、原因以及解决方法进行分析，并与实训小组的同学讨论，将思考和讨论结果填入表中。

实 训 总 结 表 表 18-5

组　号		小组成员	
实训中的问题：			
问题的原因：			
问题解决方案：			
小组讨论结果：			

18.5.2 实训成绩评定

混凝土浇筑验收及实训成绩评定见表 18-6。

混凝土浇筑验收及实训成绩评定表　　　　　表 18-6

序号	项目	要求及允许偏差（mm）	检验方法	验收记录	分值	得分
1	工作程序	严格按照操作规程，操作熟练	检查		10	
2	工作态度	遵守纪律、态度端正	观察、检查		10	
3	浇筑前准备	浇筑前核对柱轴线与标高，做好浇筑前的准备工作	小组互查		10	
4	布料工作	布料动作规范，操作顺序合理	观察、检查		15	
5	振动器使用	振捣位置准确，振捣深度合理，振捣时间控制合理	观察、检查		15	
6	分层浇筑	分层浇筑时，分层符合规范要求，浇筑符合规范要求	小组互查		10	
7	安全	不发生安全事故	巡查		20	
8	整洁	工具完好，作业面的清理	观察、检查		10	
质量检验记录及原因分析				总分	100	
质量检验记录		质量问题分析		防治措施建议		

18.5.3　知识扩充与能力拓展：模板拆除

模板拆除的工作流程为：混凝土强度检验→安全技术交底→按序拆除→模板清理保存。

柱模板拆除技术要求有以下几个方面：

（1）模板拆除前必须确认混凝土强度达到规定，并在拆模申请批准后进行，要有混凝土强度报告，混凝土强度未达到规定，严禁提前拆模。

（2）模板拆除前应向操作人员进行安全技术交底，在作业范围设安全警戒线并悬挂警示牌，拆除时派专人看守。

（3）要提前确定拆模顺序，根据施工现场所在地面的温度情况，掌握好混凝土达到初凝的时间。模板拆除时，可采取先支的后拆、后支的先拆，先拆非承重模板、后拆承重模板的顺序，并应从上而下进行拆除。

（4）拆模时要保护模板边角和混凝土边角。模板在拆运时，均应人工传递，要轻拿轻放，严禁摔、扔、敲、砸。拆除时要逐块拆卸，不得成片松动和撬落、拉倒，拆下的模板要及时清理。清理残渣时，严禁用铁铲、钢刷之类的工具清理，可用模板清洁剂，使其自然脱落或用木铲刮除残留混凝土。

（5）在拆除 2m 以上模板时，要搭脚手架或操作平台，脚手板铺严，并设防护栏杆，严禁在同一垂直面上操作。

（6）模板拆除吊至存放地点时，模板保持平放，然后用铲刀、湿布进行清理。支模前刷隔离剂。模板有损坏的地方及时进行修理，以保证使用质量。

思　考　题

（1）梁板混凝土浇筑的操作要点有哪些？

（2）混凝土浇筑的基本工艺流程是什么？

（3）混凝土浇筑的一般要求有哪些？

任务 19　高程传递和轴线投测

多层民用建筑施工中,要由下层楼板向上层传递高程,以使楼板、门窗口,室内装修等工程的高程符合设计要求。一般可采用皮数杆传递、利用钢尺直接丈量、吊钢尺法、普通水准测量法等,其中皮数杆是指在其上画有每皮砖和灰缝厚度,以及门窗洞口、过梁、楼板等高度位置的一种木制标杆。高层建筑高程传递的目的是根据现场水准点或±0.000标高线,将高程向上传递至施工楼层,作为各施工楼层测设标高的依据,目前高层建筑常用的方法有水准仪配合钢尺法、全站仪配合弯管目镜法等。

建筑施工到±0.000后,随着结构的升高,需将首层轴线逐层向上竖向投测,作为各层放线和结构竖向控制的依据。对于超高层建筑,结构轴线的投测和竖向偏差控制尤为重要。当拟建建筑物外围施工场地比较宽阔时,常用外控法。即在高层建筑物外部,根据建筑物的轴线控制桩,使用经纬仪将轴线向上投测,又称为经纬仪竖向投测法。当施工现场狭小,特别是在建筑物密集的城区建造高层建筑时,均使用内控法,如吊垂球线法、天顶准直法等。图 19-1 为高程传递和轴线投测的照片。

图 19-1　高程传递和轴线投测

19.1　实训任务及目标

19.1.1　实训任务

本实训任务的框架柱网平面布置如图 1-2 所示,其中基础已经浇筑完毕,基础梁上已测定主要轴线(东西方向为①轴、②轴、③轴,南北方向为Ⓐ轴、Ⓑ轴)的位置和±0.000 的标高线。本实训的主要任务是:

(1) 在一层测设出标高为＋1.000 的水平线。

(2) 将高程传递到二层施工层。

(3) 在二层测设出高程为＋1.000 的水平线。

(4) 将建筑物轴线传递到二层。

19.1.2　实训目标

掌握采用钢尺进行高程传递的步骤，了解高程传递的质量控制方法和验收记录，掌握采用外控法进行竖向轴线投测，了解轴线投测的质量控制方法和验收记录。

能够运用所学的高程传递知识和轴线竖直、水平投测知识进行本项目一层到二层的高程传递任务和一层顶面轴线竖直轴线投测、水平轴线投测任务。

培养团队协作、协调统一的职业素养，增强实践经验交流中的感悟和思考，体验完成目标的成就感。

19.2　实训准备

19.2.1　知识准备

识读施工图纸，查阅教材及相关资料，回答表 19-1 中的问题，并填入参考资料名称和学习中所遇到的其他问题。根据实训分组，针对表中的问题分组进行讨论。

问题讨论记录表　　　　　　　　　　　　　表 19-1

组　号		小组成员	
问　题		问题解答	参考资料
1. 视线高法传递高程的操作流程是什么？			
2. 锤球法的基本原理和操作流程是什么？			
3. 什么是天顶准直法？它的操作流程和适用情况是什么？			
4. 其他问题。			

19.2.2　工艺准备

各小组查阅资料，分工合作，讨论确定用钢尺进行高程传递的步骤和用外控法进行竖直轴线投测的步骤，确定最佳操作步骤方案，将讨论内容记录在表 19-2 中。

讨论内容记录表

表 19-2

课题名称			
组　号		小组成员	

成员分工：

1. 资料搜集：

2. 器材和工具管理：

3. 操作组：

4. 复测组：

5. 检测组：

（注：小组成员平均分配到操作组和复测组中，检测组以推荐为主）

高程传递步骤小结：

轴线竖向投测步骤小结：

确定各步骤记录：

高程传递：

轴线竖向投测：

使用的工器具：

19.2.3　工具及防护用品准备

　　各组按照施工要求编制工具清单（表 19-3），经指导老师检查核定后，方可领取工具，各组领出的工具要有编号，并对领出的物品进行登记。工具等运到实训现场后应做清点。领取的工具及防护用品应经过严格检查，禁止使用不符合规范要求的工具及防护用品。

实训所需工具及防护用品

表 19-3

名　称	规　格	单　位	数　量	备　注
水准仪	DS$_3$	台	1	
经纬仪	DJ$_6$	台	1	
钢卷尺	50m	把	1	
水准尺	塔尺	把	1	
吊锤		支	1	
排笔		支	1	
粉笔		支	1	
墨斗		只	1	

19.2.4　注意事项

　　（1）轴线投测到边轴时，应将轴线偏离边轴 1m 以外，防止高空坠落，保证人员及仪器安全。

　　（2）每次架设仪器，螺旋松紧适度，防止仪器脱落下滑。

　　（3）较长距离搬运时，应将仪器装箱后再进行重新架设。

（4）向上引测时，要对现场工人进行宣传，不要从洞口向下张望，以防被落物击中。

（5）外控引测投点时要注意临边防护、脚手架支撑是否安全可靠。

（6）遵守现场安全施工规程。

19.3　实训操作

19.3.1　高程传递

（1）各小组用钢尺法进行高程传递操作，一个小组测两根柱子，要进行复测。操作步骤如下：

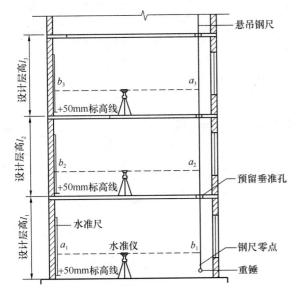

图 19-2　水准仪配合钢尺法高程传递示意图

1）用水准仪根据统一的±0.000 水平线，在各传递点处准确地测出相同的起始高程线，即+1.000 线。

2）采用水准仪配合钢尺法（图 19-2）从两处向上传递高程。

3）利用水准仪检验两处传递高程的高差，如果高度小于等于 3mm 则取两个高程的平均值作为施工层的高程测设基准。

4）采用视线高法测设出整个施工层的+1.000 水平线。

（2）小组交换场地进行高程传递质量验收。

19.3.2　竖直轴线投测

（1）各小组用外控法完成竖直轴线投测，1 个小组 1 条轴线，要复测以进行质量控制。操作步骤为：随着建筑物不断升高，要逐层将轴线向上传递，如图 19-3 所示，将经纬仪安置在中心轴线控制桩 A_1、A'_1、B_1 和 B'_1 上，严格整平仪器，用望远镜瞄准建筑物底部已标出的轴线 a_1、a'_1、b_1 和 b'_1 点，用盘左和盘右分别向上投测到每层楼板上，并取其中点作为该层中心轴线的投影点，如图 19-3 中的 a_2、a'_2、b_2 和 b'_2 所示。

（2）交换场地进行竖直轴线投测质量验收。

19.3.3　施工层轴线放线

（1）用棉线拉出水平轴线，用钢尺测距复核水平轴线。

（2）确定水平轴线符合要求，用墨线盒弹出水平轴线。

（3）完成质量验收后，填写验收表格。

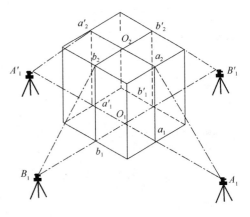

图 19-3　外控法轴线投测

19.4　成果验收

成果验收是对实训结果进行系统地检验和考查。框架结构施工高程传递和轴线投测完成后，应该严格按照相关标准规范进行验收。根据实训验收成果填写表 19-4。

建筑物施工放样、轴线投测和标高传递验收记录表　　　　　　　表 19-4

项目	内　　容		允许误差（mm）	验收记录表			
各施工层上放线	外廊主轴线长度 *L*（m）	$L \leqslant 30$	±5				
		$30 < L \leqslant 60$	±10				
	细部轴线		±2				
	承重墙、梁、柱边线		±3				
	非承重墙边线		±3				
	门窗洞口线		±3				
轴线竖向投测	每层		3				
	总高 *H*（m）	$H \leqslant 30$	5				
		$30 < H \leqslant 60$	10				
标高竖向传递	每层		±3				
	总高 *H*（m）	$H \leqslant 30$	±5				
		$30 < H \leqslant 60$	±10				

19.5　总结评价

19.5.1　实训总结

参照表 19-5，对实训过程中出现的问题、原因以及解决方法进行分析，并与实训小组的同学讨论，将思考和讨论结果填入表中。

实　训　总　结　表　　　　　　　表 19-5

组　号		小组成员	
实训中的问题：			
问题的原因：			
问题解决方案：			
小组讨论结果：			

19.5.2　实训成绩评定

参照表 19-6，进行实训成绩评定。

项 目 评 价 表　　　　　　　　　　　　　　　　　　表 19-6

学生姓名				评价时间					
项目内容	分值	评分观察点		自评分		小组评分		教师评分	
				扣分	原因	扣分	原因	扣分	原因
操作性	20	水准仪操作（5分）经纬仪操作（5分）数据记录整理（10分）							
完整性	20	掌握高程传递的操作步骤（10分）掌握轴线投测的操作步骤（10分）							
参与性	20	积极参与讨论（10分）做好本职工作（10分）							
协作性	20	学习态度和努力程度（10分）积极合作、听取他人意见（10分）							
创新性	20	在工作中发现问题并及时改正（20分）							
总　分									

19.5.3　知识扩充与能力拓展：内控法基线投测

内控法是在建筑物内±0.000平面设置轴线控制点，并预埋标志，以后在各层楼板相应位置上预留200mm×200 mm的传递孔，在轴线控制点上直接采用吊线坠法或激光铅垂仪法，通过预留孔将其点位垂直投测到任一楼层。

（1）内控法轴线控制点的设置

在基础施工完毕后，在±0.000首层平面上的适当位置设置与轴线平行的辅助轴线。辅助轴线距轴线500～800mm为宜，并在辅助轴线交点或端点处理设标志，如图19-4所示。

（2）吊线坠法

吊线坠法是利用钢丝悬挂重锤球的方法，进行轴线竖向投测。这种方法一般用于高度在50～100m的高层建筑施工中，锤球的重量约为10～20kg，钢丝的直径约为0.5～0.8mm。投测方法如图19-5所示，在预留孔上面安置十字架，挂上锤球，对准首层预埋标志。当锤球线静止时，固定十字架，并在预留孔四周做出标记，作为以后恢复轴线及放样的依据。此时，十字架中心即为轴线控制点在该楼面上的投测点。

用吊线坠法实测时，要采取一些必要措施，如用铅直的塑料管套着坠线或将锤球沉浸于油中，以减少摆动。

（3）激光铅垂仪法

1）在首层轴线控制点上安置激光铅垂仪，利用激光器底端（全反射棱镜端）所发射的激光束进行对中，通过调节基座整平螺旋，使管水准器气泡严格居中。

2）在上层施工楼面预留孔处，放置接受靶。

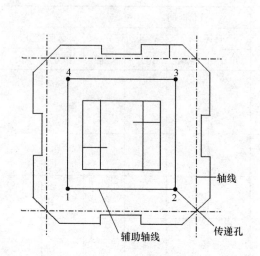

图 19-4　内控法轴线控制点示意图

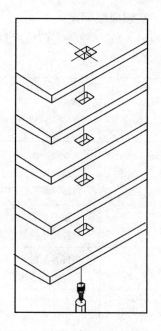

图 19-5　吊线坠法示意图

3）接通激光电源，启辉激光器发射铅直激光束，通过发射望远镜调焦，使激光束会聚成红色耀目光斑，投射到接受靶上。

4）移动接受靶，使靶心与红色光斑重合，固定接受靶，并在预留孔四周做出标记，此时，靶心位置即为轴线控制点在该楼面上的投测点。

思　考　题

（1）基坑高程控制桩如何测设？

（2）钢尺配合水准尺进行高程传递的原理是什么？

（3）钢尺量距受哪些因素影响？

（4）高层建筑物垂直度如何控制？